高等职业教育新形态系列教材

AutoCAD 综合项目化教程（2020 版）

主　编　谭桂华　刘怡然
副主编　曹先兵　周新丰　唐志英
参　编　田卫红　聂　丽　常　静　佘永阳　成　莉
　　　　彭朝晖　杨秋明　刘能智　王正青

U0379306

机械工业出版社
CHINA MACHINE PRESS

本书结合当前高等职业教育教学改革的要求，按照高等职业院校AutoCAD软件课程开设的特点，以项目、任务引领，坚持以知识性和技能性为本位，以快速掌握技术精髓并提升专业技能为目标，可满足学生学习需求和社会实际需求。

　　本书内容丰富，涵盖了计算机、建筑、机械等方面的内容，共15个项目，分别为了解用户界面及学习基本操作；绘制直线构成的平面图形；绘制线、圆构成的平面图形；绘制椭圆、样条曲线等对象组成的平面图形；绘制矩形、点等对象组成的平面图形；绘制倾斜图形和改变线的特性；绘制圆点、图块等对象组成的图形；书写文字；标注尺寸；三维实体建模；网络施工平面图的绘制；综合实例（一）；综合实例（二）——绘制教学楼全套施工图；建筑类综合实例；机械类综合实例。本书在内容的安排上从易到难、循序渐进，同时提供丰富的高清实例操作视频、电子课件、电子教案及素材资料包等；并配有二维码，可用手机扫描观看高清实例操作视频。

　　凡选用本书作为教材的教师，均可登录机械工业出版社教育服务网www.cmpedu.com下载本书配套资源，或发送电子邮件至252293420@qq.com索取。咨询电话：010-88379375。

图书在版编目（CIP）数据

AutoCAD 综合项目化教程：2020 版 / 谭桂华，刘怡然主编 . —北京：机械工业出版社，2021.8（2025.1重印）
高等职业教育新形态系列教材
ISBN 978-7-111-68610-1

Ⅰ . ① A… Ⅱ . ①谭… ②刘… Ⅲ . ① AutoCAD 软件 – 高等职业教育 – 教材 Ⅳ . ① TP391.72

中国版本图书馆 CIP 数据核字（2021）第 133235 号

机械工业出版社（北京市百万庄大街 22 号　邮政编码 100037）
策划编辑：陈　宾　责任编辑：陈　宾
责任校对：王明欣　封面设计：严娅萍
责任印制：常天培
北京机工印刷厂有限公司印刷
2025 年 1 月第 1 版第 7 次印刷
184mm×260mm · 16.75 印张 · 411 千字
标准书号：ISBN 978-7-111-68610-1
定价：49.80 元

电话服务
客服电话：010-88361066
　　　　　010-88379833
　　　　　010-68326294
封底无防伪标均为盗版

网络服务
机 工 官 网：www.cmpbook.com
机 工 官 博：weibo.com/cmp1952
金 书 网：www.golden-book.com
机工教育服务网：www.cmpedu.com

前　言

AutoCAD 是目前应用最广泛的计算机辅助设计软件之一，遍及机械、电子、建筑、航空、造船、汽车和纺织等各个领域。由于其具有绘图精确、使用简便等特点，已经成为工程设计人员的首选辅助设计软件之一。本书坚持以知识性和技能性为本位，以快速掌握技术精髓并提升专业技能为目标，以满足学生学习需求和社会实际需求为宗旨。

本书将工程设计与应用和 AutoCAD 2020 相结合，按照"够用为度、强化应用"的原则，依托"基础＋综合＋职业技能"三位一体教学模式组织内容。在介绍理论知识的同时，紧密联系工程实例，强调操作技能的训练和提升，以达到举一反三的效果，同时培养读者自主学习的能力和创新能力。

本书内容丰富，涵盖了计算机、建筑、机械等各方面的相关内容，并选取了部分 AutoCAD 竞赛资料。本书内容分为 15 个具体项目，在内容的安排上从易到难、循序渐进，具体项目内容与学时安排如下：

项目内容	学时安排	备注
项目一　了解用户界面及学习基本操作	2	
项目二　绘制直线构成的平面图形	4	
项目三　绘制线、圆构成的平面图形	6	
项目四　绘制椭圆、样条曲线等对象组成的平面图形	6	
项目五　绘制矩形、点等对象组成的平面图形	6	
项目六　绘制倾斜图形和改变线的特性	6	
项目七　绘制圆点、图块等对象组成的图形	6	
项目八　书写文字	4	
项目九　标注尺寸	8	
项目十　三维实体建模	10	选修
项目十一　网络施工平面图的绘制	8	选修
项目十二　综合实例（一）	6	选修
项目十三　综合实例（二）——绘制教学楼全套施工图	8	选修
项目十四　建筑类综合实例	10	选修
项目十五　机械类综合实例	24	选修

本书系 2019 年湖南省职业院校教育教学改革研究项目——《计算机专业"AutoCAD"课程中信息化教学改革的探索与实践》阶段性成果之一（主持人：谭桂华；项目编号：ZJGB2019232）。本书在编写过程中得到了娄底潇湘职业学院教材出版经费的资助，在此深表谢意！

参加本书编写的人员均为多年从事一线教学的教师或有多年企业工作经历的工程师，由娄底潇湘职业学院谭桂华、刘怡然担任主编并负责全书的统稿工作，曹先兵、周新丰、唐志英担任副主编。谭桂华、聂丽、常静、刘能智、田卫红参负责项目一、项目三、项目四、项目五的编写，谭桂华、刘怡然、曹先兵负责项目十、项目十一、项目十二的编写，谭桂华、周新丰、佘永阳、成莉负责项目二、项目八、项目九、项目十三和项目十四的编写，唐志英、彭朝晖、杨秋明、王正青负责项目六、项目七和项目十五的编写。

本书主要面向 AutoCAD 的初学者或中级用户，可以作为职业院校或本科院校相关专业的教材及 AutoCAD 竞赛指导或培训的辅导教材，也可供工程制图人员参考。本书还提供丰富的高清实例操作视频、电子课件、电子教案及素材资源包等；并配有二维码，可用手机扫描观看高清实例操作视频。

由于编者水平有限，书中难免会有疏漏和不妥之处，敬请广大读者提出宝贵意见，请发送电子邮件至 252293420@qq.com 进行反馈，不胜感激！

编　者

目　录

项目一
了解用户界面及
学习基本操作

【学习目标】

1）了解 AutoCAD2020 的用户界面。

2）掌握创建新图形及保存图形的方法。

3）熟悉 AutoCAD2020 的操作命令。

4）掌握设置图层、线型、线宽及颜色的方法。

5）掌握缩放及平移图形的方法。

任务一　了解用户界面

AutoCAD2020 的用户界面如图 1-1 所示，该界面主要由菜单浏览器、快速访问工具栏、功能区、绘图窗口、命令提示窗口和状态栏等组成。

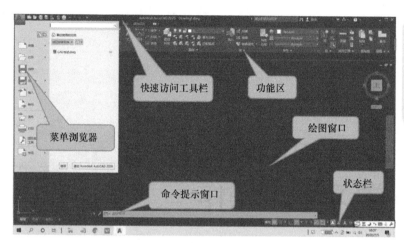

1-1　Auto-CAD2020 用户界面

图　1-1

1. 切换工作空间

单击 [切换工作空间]，系统弹出 AutoCAD 工作空间切换选项，如图 1-2 所示。

图　1-2

2. 多个图形文件切换

按 <Ctrl+F6> 键，系统会在各个图形文件之间进行切换，如图 1-3 所示。

图　1-3

任务二　绘制简单的平面图形（一）

本任务介绍用 AutoCAD 软件绘制一个简单平面图形的基本过程，并讲解常用的操作方法。

1. 利用样板文件创建新图形

在具体的设计工作中，为使图样统一，许多项目都需要设定相同的标准，例如：设定字体、标注样式、图层和标题栏等标准。建立标准绘图环境的有效方法是使用样板文件。在样板文件中已经保存了各种标准，每当建立新图形文件时，就以此文件为原型文件，将它复制到当前图形文件中，使新图形文件具有与样板文件相同的作图环境，如图 1-4 所示。

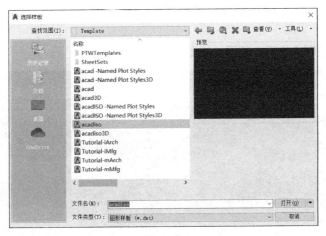

图　1-4

2. 使用 AutoCAD 软件的操作命令

启动 AutoCAD 软件操作命令的方法一般有两种，一种是在命令行中输入命令的英文全称或其简写，另一种是用鼠标选择一个菜单命令或单击工具栏中的工具按钮。

1-2
绘制直线

1）用直线命令绘制多条直线，如图 1-5 所示。

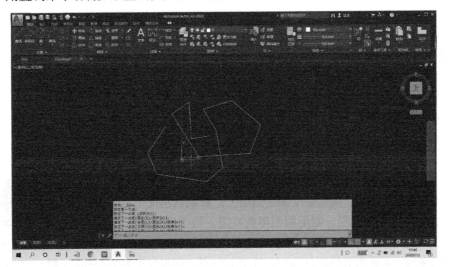

图　1-5

小技巧

【直线】命令：LINE /L。

工具按钮：▪。

命令：LINE

指定第一个点：

指定下一点或 [放弃（U）]：

指定下一点或 [退出（E）/ 放弃（U）]：

指定下一点或 [关闭（C）/ 退出（X）/ 放弃（U）]：

指定下一点或 [关闭（C）/ 退出（X）/ 放弃（U）]：

2）用圆命令绘制大小不一的圆，如图 1-6 所示。

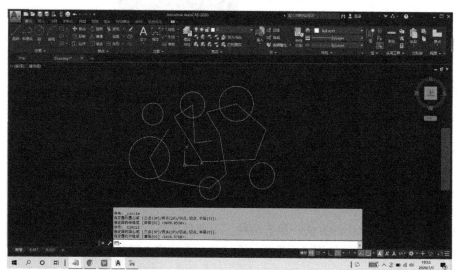

1-3　绘制不同大小的圆

图　1-6

 小技巧

【圆】命令：CIRCLE /C。

工具按钮：▪。

命令：CIRCLE

指定圆的圆心或 [三点（3P）/ 两点（2P）/ 切点、切点、半径（T）]：

指定圆的半径或 [直径（D）]<1634.5718>：

3.设置图层、线型、线宽及颜色

用 AutoCAD 绘图时，图形处于某个图层上。在默认情况下，当前图层为 0 层，若没有切换至其他图层，则所画图形在 0 层。每个图层都有其相关联的颜色、线型及线宽等属性信息，用户可以对这些信息进行设定或修改。当在某一图层进行绘图时，生成图形的颜色、线型、线宽就与当前图层的设置完全相同（默

1-4　设置图层、线型、线宽及颜色

认情况下）。颜色特性有助于区分图形中的相似实体，而线型、线宽等特性可表示出不同类型的图形元素。

　　单击【图层】工具栏上的 ，打开【图层特性管理器】对话框，就可以对其进行相应的操作，如新建图层，重命名图层，设置图层颜色、线型、线宽等。

　　1）新建图层，单击【图层特性管理器】对话框中的【新建图层】并对新建图层进行重命名，结果如图 1-7 所示。一般绘图时，需要新建 3 个图层，分别是绘图层、辅助层和标注层。如果当前图层正在启用，图层名称前面会出现一个 图标。

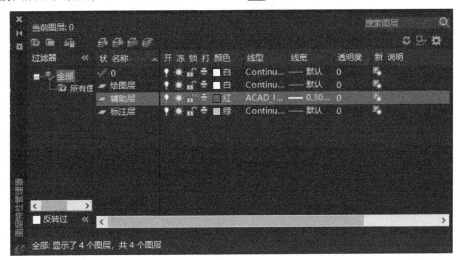

图　1-7

　　2）单击【颜色】对应色块，设置图层颜色，如图 1-8 所示。

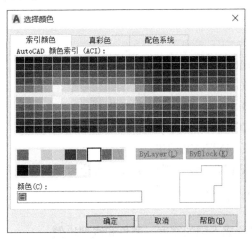

图　1-8

　　3）设置图层线型，单击【选择线型】对话框中的【加载】按钮，在弹出的【加载或重载线型】对话框中选择所需线型并单击【确定】按钮，如图 1-9 所示。

　　4）设置线宽，可分别在【线宽】和【线宽设置】对话框中设置线宽，如图 1-10、图 1-11 所示。

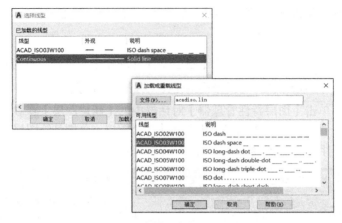

图　1-9

图　1-10

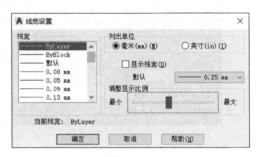

图　1-11

 小技巧

　【图层】命令：LAYER/LA。

　【线宽】命令：LWEIGHT/LW。

　线宽是否显示：LWDISPLAY/LW（OFF 不显示，ON 显示）。

　【图层颜色】命令：COLOR/COL。

　【线型管理器】命令：LINETYPE/LT。

　线型比例：LTSCALE/LTS（输入新线型比例因子为 1 时虚线间距正常；当小于 1 时虚线的间距变密；当大于 1 时虚线的间距变宽）。

　　如图 1-12 所示，可设置成不同的宽度、颜色和线型比例。

　　4. 选择对象及删除对象

　　（1）选择对象　用户在使用编辑命令时，选择的多个对象将构成一个选择集。系统提供了多种构造选择集的方法。默认情况下，用户可以逐个地选取对象或利用窗交套索一次选取多个对象，如图 1-13、图 1-14 所示。

1-5　图形对象操作（选择、删除、撤销、恢复、平移、缩放）

图　1-12

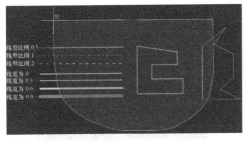

图　1-13

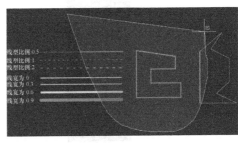

图　1-14

（2）删除对象　ERASE命令用来删除图形对象，该命令没有任何选项。要删除一个对象，可以单击选择该对象，然后单击【修改】工具栏的 ，或输入"ERASE"（命令简写为E）命令即可将其删除。用户也可以先发出删除命令，再选择要删除的对象，如图1-15所示。

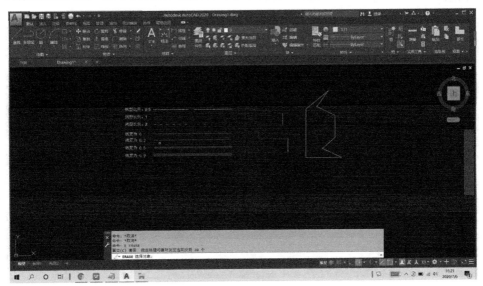

图　1-15

（3）取消已执行的操作　在使用AutoCAD绘图的过程中，不可避免地会出现各种各样的错误。如果想要修正这些错误，可以用UNDO命令或单击快速访问工具栏的中的 。如果想要取消前面执行的多个操作，可反复使用UNDO命令或反复单击 。此外，用户也可以打开快速访问工具栏中的【放弃】下拉列表，然后选择要放弃的几个操作，如图1-16所示。

当经过单个或多个操作后，又想恢复原来的效果，用户可使用REDO命令或单击快速访问工具栏中的。此外，用户也可以打开快速访问工具栏中的【重做】下拉列表，然后选择要恢复的几个操作，如图 1-17 所示。

图　1-16

图　1-17

（4）快速移动及缩放图形　AutoCAD 中的图形移动和缩放功能是很完善的，使用起来也很方便。绘图时，用户可以通过滑动鼠标的滚轮对图形进行缩放，或者按住滚轮来进行平移，如图 1-18 所示。

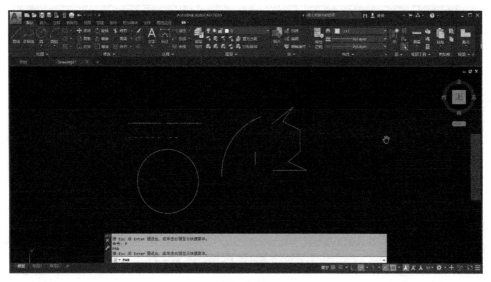

图　1-18

✏️ 小技巧

　　按住鼠标滚轮，光标就会变成一个手形状，也可通过输入命令 PAN（命令简写为 P）来操作。

（5）保存图形　保存图形文件时，一般采用两种方式，一种是保存当前图形，另一种是以新文件名保存当前图形的副本，如图 1-19 所示。

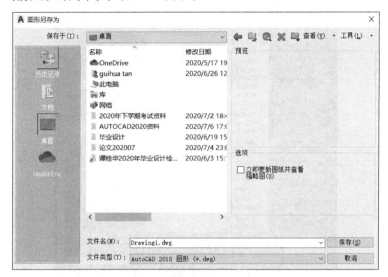

1-6
图形保存

图　1-19

 小技巧

　　工具按钮：■或■。
　　【保存】和【另存为】快捷命令：QSAVE /Q 和 SAVEAS/SA（<Ctrl+S>）。
　　启动【保存】或【另存为】命令后，系统弹出【图形另存为】对话框，如图 1-19 所示。用户在该对话框的【文件名】文本框中输入新文件名，并可以在【保存于】及【文件类型】下拉列表中分别设定文件的存储路径和类型。

任务三　项目拓展

本任务主要介绍删除、重命名图层的方法，以及控制图层的状态和修改非连续线型外观的方法。

1-7　项目
拓展和小结

1. 删除图层及重命名图层

1）在【图层特性管理器】对话框中选择图层名称，单击■，即可将此图层删除。

2）在【图层特性管理器】对话框中，先选中要修改的图层名称，该名称周围出现一个白色矩形框，在矩形框内单击，图层名称就会呈高亮显示，此时就可以输入新的图层名称，输入完成后，按 <Enter> 键结束即可。另外还可以选中该图层，单击鼠标右键，在弹出的菜单中选择【重命名图层】来进行操作，如图 1-20 所示。

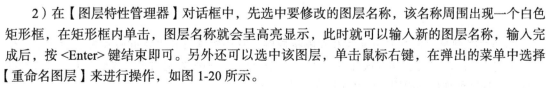

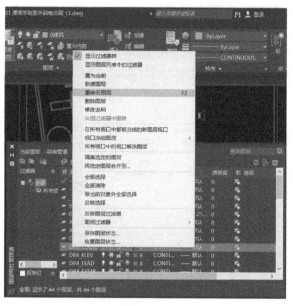

图　1-20

2. 控制图层的状态

如果工程图样包含大量信息且有很多图层，则可通过控制图层状态使编辑、绘制和观察等工作变得更方便。图层状态主要包括打开与关闭、冻结与解冻、锁定与解锁、打印与不打印等，系统用不同形式的图标表示这些状态，如图 1-21 所示。用户可通过【图层特性管理器】对话框对图层状态进行控制。

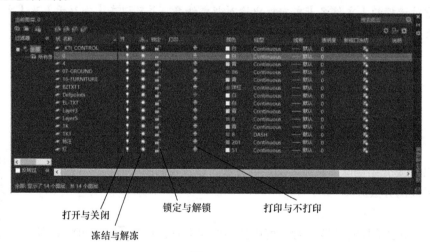

图　1-21

3. 修改非连续线型外观

非连续线型是由重复的短横线和间隔构成的，其中短横线长度和间隔长短是由线型比例来控制的。绘图时经常会遇到这样一种情况：用虚线或点画线绘制出来的线型看上去和连续线一样。出现这种现象的原因是线型比例太大或太小。

改变全局比例因子的步骤如下：

1）打开【特性】工具栏的【线型控制】下拉列表，如图1-22所示。

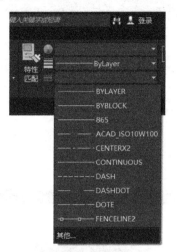

图 1-22

2）在【线型控制】下拉列表中选择【其他】选项，打开【线型管理器】对话框；再单击
【显示细节】按钮，则该对话框底部显示【详细信息】分组框，如图1-23所示。在【详细信息】
分组框的【当前对象缩放比例】文本框中输入新的比例值即可。

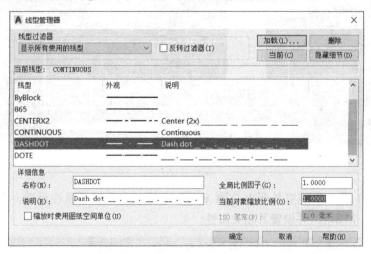

图 1-23

实训一　熟悉 AutoCAD2020 用户界面

1）安装 AutoCAD2020，并进行激活。

2）启动 AutoCAD2020，将用户界面的背景调整为洋红色，如图1-24所示。

3）调整相应工具的位置，对用户界面进行重新布局，并学会还原操作，如图1-25所示。

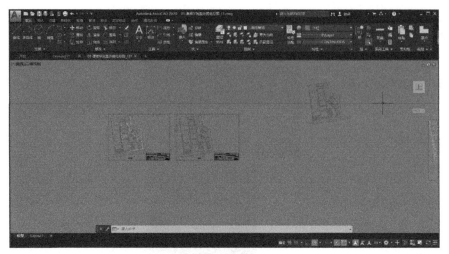

图　1-24

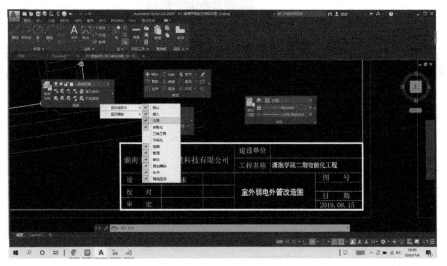

图　1-25

4）打开"01 潇湘学院室外弱电总图 .dwg"文件，查看图层属性设置，在此基础上新建图 1-26 所示的 3 个图层，并设置其相关属性。

图　1-26

5）对状态栏中的工具进行操作，如【栅格】【对象捕捉】【正交】【极轴】等，也可选中相应的工具并单击鼠标右键，设置相关属性的值，如图 1-27 所示。

6）对 CAD 工作空间进行相互切换，并观察【草图与注释】【三维基础】和【三维建模】空间有什么不同，如图 1-28 所示。

7）打开"01 潇湘学院室外弱电总图 .dwg"文件，按住鼠标滚轮，对图形进行缩放、平移操作，如图 1-29 所示。

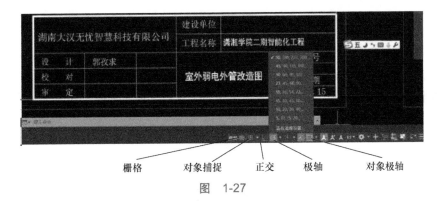

图　1-27

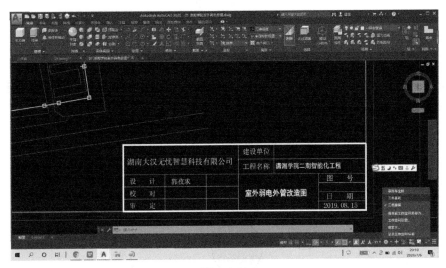

图　1-28

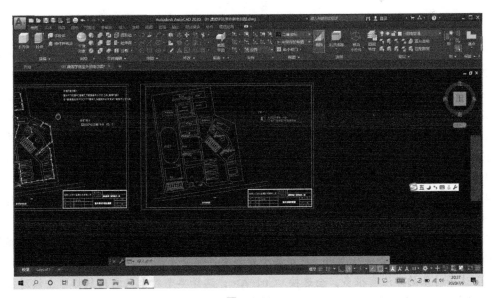

图　1-29

实训二　绘制简单的平面图形（二）

1）启动 AutoCAD2020，新建图形文件，用【直线】命令绘制简单的五角星，并对每条线进行不同属性的设置，最终保存为"02 五角星 .dwg"文件，效果如图 1-30 所示。

图　1-30

2）启动 AutoCAD2020，新建图形文件，用【圆】命令绘制若干个不同大小的圆，并进行不同颜色的填充，最终保存为"03 大小不一的圆 .dwg"文件，效果如图 1-31 所示。

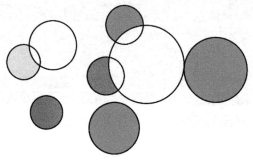

图　1-31

【项目小结】

1）AutoCAD2020 的工作界面主要由快速访问工具栏、功能区、绘图窗口、命令提示窗口和状态栏等部分组成。进行工程设计时，用户通过功能区、菜单栏或命令提示窗口发出命令，在绘图区域中画出图形，而状态栏则显示出绘图过程中的各种信息，并为用户提供各种辅助绘图工具。

2）AutoCAD2020 具有多文档的设计环境，用户可以在窗口中同时打开多个图形文件，并能够在不同文件间复制几何元素、颜色、图层及线型等信息，这给设计工作带来了很大的便利。

3）采用【样板】或【默认设置】来创建新的图形。

4）调用 AutoCAD2020 操作命令的方法，在命令行输入命令全称或简称，或单击工具栏中的工具按钮。

5）按 <Enter> 键可重复使用最近所使用过的命令，按键盘上的 <←　↑　↓　→> 键可将该命令前后所使用的命令进行调出，或对某个命令进行部分修改，变成一个新的命令。

6）选择对象的方法有很多，全选按 <Ctrl+A>；选择单个对象只需用鼠标单击该对象；选择多个对象可以用鼠标进行框选。

项目二
绘制直线构成的
平面图形

【学习目标】

1）掌握点坐标输入方法。

2）掌握对象捕捉、极轴追踪及自动追踪功能画线的方法。

3）掌握绘制平行线的方法。

4）了解正交模式辅助画线的方法。

5）掌握延伸、修剪线条的方法。

6）熟悉绘制切线的方法。

任务一　输入坐标及使用辅助工具画线

本任务主要绘制"项目二 01.dwg"图形文件，如图 2-1 所示，该图形由线段组成。使用【直线】命令进行绘制，并运用各种坐标输入的方法。

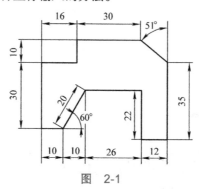

2-1　通过绘制线段端点坐标的绘制

图　2-1

1. 输入点的坐标画线段

执行 LINE 命令后，用户可通过光标指定线的端点，或利用键盘输入端点坐标，将这些点连接成线段。

在 AutoCAD 绘制图形过程中，必须输入点的坐标。点的坐标输入在绘图中是关键，其中有三种点坐标输入的方法。

常用的点坐标形成如下：

1）绝对坐标为"x, y"。

2）相对坐标为"@x, y"。

3）极坐标为"@ 距离 < 角度"。

综合以上三种坐标输入方法，用【直线】命令绘制图形，结果如图 2-2 所示。

2-2　Auto-CAD 坐标的基本知识

```
命令：LINE
指定第一个点：300, 300
指定下一点或 [放弃（U）]：@0, -150
指定下一点或 [退出（E）/放弃（U）]：@48, -27
指定下一点或 [关闭（C）/退出（X）/放弃（U）]：@258, 0
指定下一点或 [关闭（C）/退出（X）/放弃（U）]：@0, 115
指定下一点或 [关闭（C）/退出（X）/放弃（U）]：@-14, 0
指定下一点或 [关闭（C）/退出（X）/放弃（U）]：@64<133
指定下一点或 [关闭（C）/退出（X）/放弃（U）]：
```

2. 使用对象捕捉精确画线

画线时可打开状态栏中的【对象捕捉】命令，AutoCAD 可自动捕捉一些特殊的几何点，如【圆心】【端点】【交点】等，如图 2-3 所示。通过勾选特殊点，或单击【对象捕捉设置】，在弹出的【草图设置】对话框中打开【对象捕捉】选项卡，勾选对象捕捉模式，如图 2-4 所示。

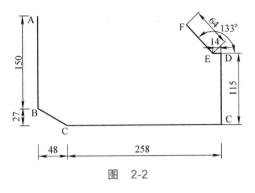

2-3　对象捕
捉、极轴追踪、
自动追踪画线

图　2-2

图　2-3

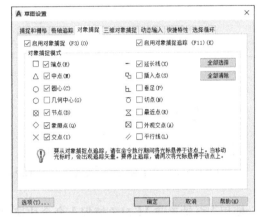

图　2-4

　小技巧

【对象捕捉】命令的快捷键：<F3>。

如果在绘图中需要临时调用某个关键点，可将光标移到状态栏中的【对象捕捉】按钮处，单击鼠标右键，在弹出的菜单中选择相应的关键点。

3.结合极轴追踪、对象捕捉及自动追踪命令画线

（1）极轴追踪　打开【极轴追踪】，输入【直线】命令，用光标沿着设定的极轴方向移动，如图 2-5 所示，在该方向上会显示一条追踪辅助线和光标点的极坐标值。输入线段的长度，按 <Enter> 键，就能绘制出指定长度线段。打开【草图设置】对话框，选择【极轴追踪】选项卡可对极轴追踪的角度进行设置，如图 2-6 所示。

（2）自动追踪　自动追踪是指从一点开始自动沿某一方向进行追踪，追踪方向上将显示一条追踪辅助线和光标点的极坐标值，输入追踪距离，按 <Enter> 键，可确定新的点。在使用自动追踪功能时，必须要打开【对象捕捉】命令。在 AutoCAD 用户界面中，首先捕捉一个几

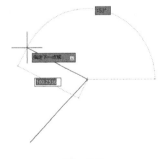

图　2-5

何点作为追踪参考点，然后沿水平、竖直方向设定的极轴方向进行追踪，如图 2-7 所示。

图　2-6

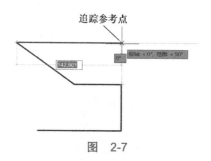

图　2-7

 小技巧

【极轴追踪】命令的快捷键：<F10>。

【动态输入显示】命令的快捷键：<F12>。

使用【极轴追踪】【对象捕捉】命令快速绘制"项目二 02.dwg"文件中的图形，如图 2-8 所示。

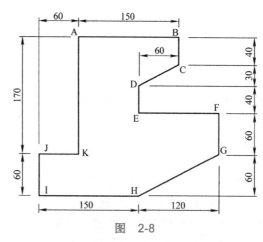

图　2-8

2-4　利用极轴追踪、输入端点坐标绘制

任务二　绘制平行线和改变线条长度

绘制平行线、延伸线条，然后修剪多余线条，打开"项目二 03.dwg"图形文件，绘图过程如图 2-9 所示。

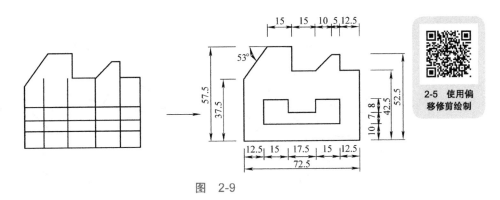

图　2-9

1. 绘制平行线

OFFSET 命令可以将对象偏移到指定的距离，创建一个与原对象类似的新对象。使用 OFF-SET 命令时，可以通过两种方式创建平行对象，一种是输入平行线之间距离，另一种是指定新平行线通过的点。如图 2-10 所示，对直线、弧线、多边形、样条曲线进行偏移。

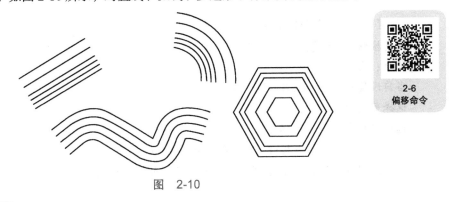

图　2-10

✏️ **小技巧**

> 【偏移】命令：OFFSET /O。
>
> 工具按钮：⬚。
>
> 命令：OFFSET
>
> 当前设置：删除源 = 否　图层 = 源　OFFSETGAPTYPE=0
>
> 指定偏移距离或 [通过（T）/ 删除（E）/ 图层（L）]<50.0000>：
>
> 指定第二点：
>
> 选择要偏移的对象，或 [退出（E）/ 放弃（U）]< 退出 >：
>
> 偏移命令中的参数 T 是指代表通过指定点创建新的偏移对象，参数 E 是指偏移后源对象要删除，参数 L 是指偏移后的新对象放置在当前图层或源对象所在的图层上。

2. 修剪线条

TRIM 命令可以将多余的线条修剪掉，启动修剪命令后，用户首先指定一个或几个对象作为剪切边（可以想象为剪刀），然后选择被修剪的部分。图 2-11 所示的对不同对象进行修剪。

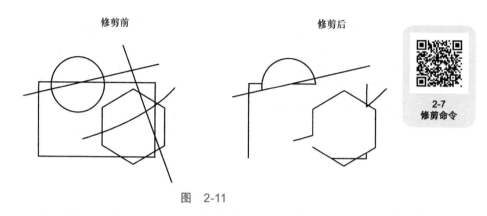

图   2-11

✏️ 小技巧

【修剪】命令：TRIM/TR ↵ ↵。

工具按钮：🔀 修剪。

命令：TRIM

当前设置：投影 =UCS，边 = 无

选择剪切边 ...

选择对象或 < 全部选择 >：

选择要修剪的对象或按住 Shift 键选择要延伸的对象，或者

[栏选（F）/ 窗交（C）/ 投影（P）/ 边（E）/ 删除（R）]：

3. 延伸线条

用 EXTEND 命令可以将线段、曲线等对象延伸到一个边界对象，使其与边界对象相交。有时，对象延伸后并不与边界直接相交，而是与边界的延长线相交。图 2-12 所示的对直线、多段线、弧线进行延伸。

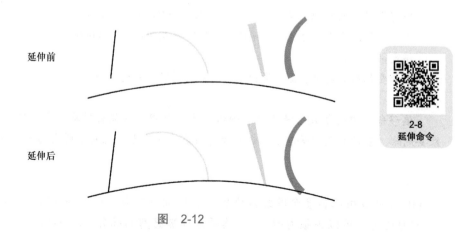

图   2-12

小技巧

【延伸】命令：EXTEND/EX ◢ ◢。

工具按钮：延伸。

命令：EXTEND

当前设置：投影 = UCS，边 = 无

选择边界的边 …

选择对象或 < 全部选择 >：

选择要延伸的对象或按住 Shift 键选择要修剪的对象，或者

[栏选（F）/ 窗交（C）/ 投影（P）/ 边（E）]：

任务三　项目拓展

1.对象捕捉

在绘图过程中，常需要在一些特殊点之间连线，如圆心、线段的中点或端点画线等。在这种情况下，若不借助辅助工具，很难直接拾取到这些点。当然，也可以在命令行中输入点的坐标值来精确定位点。

打开"项目二 04.dwg"图形文件，如图 2-13 所示，使用直线命令进行模仿绘制，并练习【对象捕捉】命令。

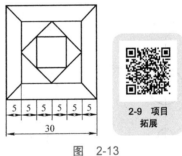

2-9　项目
拓展

图　2-13

2.利用正交模式辅助画线

单击状态栏中的【正交模式】按钮，或按 <F8> 键可对正交模式进行打开或关闭操作。正交模式与极轴追踪模式两者不能同时打开。在正交模式下，光标只能沿水平或垂直方向进行移动。画线时，若打开该模式，只需要输入线段的长度值，系统就会自动绘制出水平线段或竖直线段。

打开"项目二 05.dwg"图形文件，使用 LINE 命令并结合正交模式进行模仿画线，如图 2-14 所示。

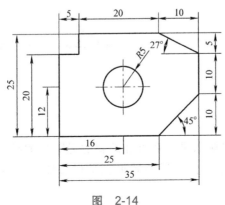

图　2-14

3. 画切线

如果要沿某一方向绘制任意长度的线段，可在系统提示输入点时，输入一个小于号"<"和角度值。该角度表明了画线的方向，光标将锁定在此方向上。当移动光标时，线段长度就会发生变化，获取适当长度后，单击鼠标左键结束。这种画线方式称为角度覆盖方式。

画切线一般有以下两种方式：

1）过圆外的一点画圆的切线。

2）绘制两个圆的公切线。

打开"项目二 06.dwg"图形文件，如图 2-15 所示，使用 LINE 命令并结合切点捕捉功能来绘制切线，将左图绘制成右图效果。

4. 画构造线

利用 XLINE 命令可以绘制无限长的线，可以用它直接绘制出水平方向、竖直方向、倾斜方向及与平行线相关的直线。在绘图过程中，使用【构造线】命令绘制简单定位线、辅助线是很方便的。

打开"项目二 07.dwg"图形文件，使用 XLINE 命令，将三角形顶角进行二等分，再绘制出它的内切圆，如图 2-16 所示。

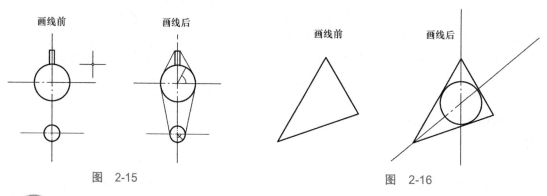

图　2-15　　　　　　　　　　　　　　　　　　图　2-16

 小技巧

> 【构造线】命令：XLINE/XL。
>
> 工具图标：▨。
>
> 命令：XLINE
>
> 指定点或 [水平（H）/ 垂直（V）/ 角度（A）/ 二等分（B）/ 偏移（O）]：B
>
> 指定角的顶点：
>
> 指定角的起点：
>
> 指定角的端点：

使用【构造线】命令可画水平、垂直和倾斜的无限长的线，也可对构造线、直线进行偏移。如果对直线进行偏移，偏移后的效果也是构造线，同时也能对角进行二等分，如图 2-17 所示。

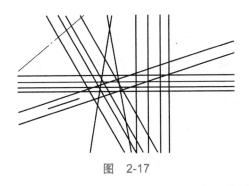

图 2-17

实训 绘制简单的平面图形（三）

1）打开"项目二 08 梯子 .dwg"图形文件，使用【栅格捕捉】命令，并用 LINE 命令进行模仿绘制，如图 2-18 所示。

2）打开"项目二 09 六边形 .dwg"图形文件，用 LINE 命令进行模仿绘制，如图 2-19 所示。

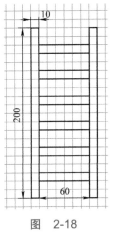

图 2-18

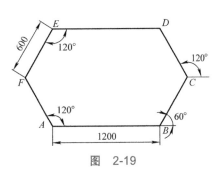

图 2-19

3）打开"项目二 10.dwg"图形文件，用 LINE、CIRCLE、OFFSET、TRIM 等命令进行模仿绘制，如图 2-20 所示。

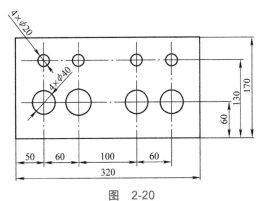

图 2-20

【项目小结】

1）输入点的坐标方法，如绝对坐标、相对坐标、极坐标。

2）使用【正交】命令或按 <F8> 键画线，也可结合【对象捕捉】【极轴追踪】及【捕捉追踪】功能模式画线。

3）用 OFFSET 命令绘制平行线。

4）用 TRIM 命令修剪多余的线条。

5）用 EXTEND 命令延长线条。

6）结合切点捕捉进行绘制圆、圆弧的切线。

7）用 XLINE 命令绘制相关辅助线。

项目三

绘制线、圆构成的
平面图形

【学习目标】

1）掌握绘制圆的方法。

2）掌握绘制正多边形的方法。

3）掌握绘制多段线的方法。

4）掌握复制、镜像、图案填充、缩放、移动对象的方法。

任务一　绘制机械零件图

本任务介绍如何使用 LINE、CIRCLE、COPY、TRIM、MIRROR 等命令绘制图形。打开"项目三 01 机械零件图 .dwg"图形文件，如图 3-1 所示。

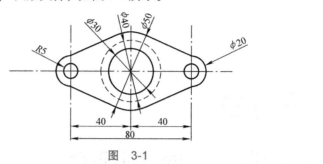

3-1　机械零件图

图　3-1

首先绘制圆的辅助定位线，再画圆并进行复制，然后画切线，最后修剪多余的线，具体绘图过程如图 3-2 所示。

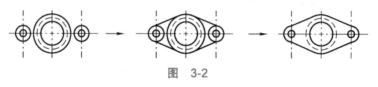

图　3-2

3-2 绘制圆

1. 绘制圆

使用 CIRCLE 命令绘制圆，常用的画圆方法是指定圆心和半径。此外，用户还可通过两点或三点画圆，具体画圆的方法及效果如图 3-3、图 3-4 所示。

图　3-3

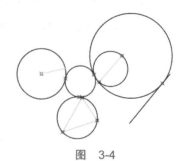

图　3-4

✏️ **小技巧**

【圆】的快捷命令：CIRCLE/C。

工具按钮：。

命令：CIRCLE

指定圆的圆心或 [三点（3P）/ 两点（2P）/ 切点、切点、半径（T）]：

指定圆的半径或 [直径（D）] <5.0000>：D

指定圆的直径 <10.0000>：20

不在同一条直线上的三个点可以绘制一个圆；相切、相切、半径画圆时，切点不同，半径不同，画出来的圆也不同；相切、相切、相切画圆时，选择的切点不同，画出来的圆也不同。

2. 复制对象

启动 COPY 命令后，首先选择要复制的对象，然后通过两点或直接输入位移值来指定对象复制的距离和方向，这样就可以将图形元素从原位置复制到新的位置。

打开素材"项目三 02 笑脸 .dwg"图形文件，如图 3-5 所示，使用【复制】命令一次性复制多张笑脸。

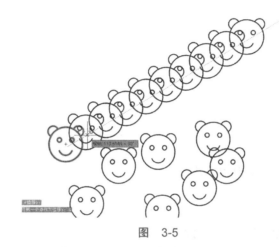

3-3
复制对象

图　3-5

✏️ **小技巧**

【复制】的快捷命令：COPY/CO。

工具按钮：复制。

命令：COPY

窗交（C）套索 按空格键可循环浏览选项找到 6 个

选择对象：

当前设置：复制模式＝多个

指定基点或 [位移（D）/模式（O）] <位移>：

指定第二个点或 [阵列（A）] <使用第一个点作为位移>：200

指定第二个点或 [阵列（A）/退出（E）/放弃（U）] <退出>：400

指定第二个点或 [阵列（A）/退出（E）/放弃（U）] <退出>：300

指定第二个点或 [阵列（A）/退出（E）/放弃（U）] <退出>：

执行复制命令后，可以在打开极轴的情况下，沿某个方向输入一个值，也可以使用相对坐标确定新的位置，还可以进行阵列复制。

3. 镜像复制

在绘制对称图形时，只需要画出图形的一半，另一半可以利用 MIRROR 命令镜像出来。在执行镜像操作时，首先选择要镜像的对象，然后指定镜像线的位置，同时需要注意是否删除源对象。

打开素材"项目三 03 笑脸文本镜像 .dwg"图形文件，使用【镜像】命令进行操作，如图 3-6 所示。

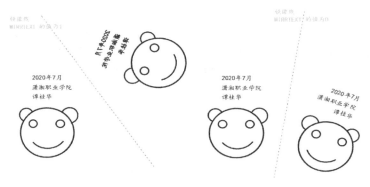

图　3-6

 小技巧

【镜像】的快捷命令：MIRROR /MI。

工具按钮：⚠ 镜像。

命令：MIRROR

窗口（W）套索 按空格键可循环浏览选项找到 7 个

窗交（C）套索 按空格键可循环浏览选项找到 9 个（6 个重复），总计 10 个

选择对象：指定镜像线的第一点：

指定镜像线的第二点：

要删除源对象吗？[是（Y）/ 否（N）]<否 >：

在镜像操作时需要确定镜像线的两个点的位置，MIRRTEXT 命令参数为 1 时，镜像文本不可读，MIRRTEXT 命令参数为 0 时，镜像文本可读。

任务二　绘制一支梅花平面图

本任务介绍如何使用 PLINE、CIRCLE、POLYGON、COPY、TRIM、SCALE、MOVE 等命令绘制图形。打开"项目三 04 一支梅花 .dwg"图形文件，如图 3-7 所示。

首先用【多边形】【圆】等命令绘制花朵，然后用【多段线】命令绘制树枝，接着复制多朵花，对花朵进行不同比例缩放，最后使用【移动】命令将花朵移到树枝上，绘图过程如图 3-8 所示。

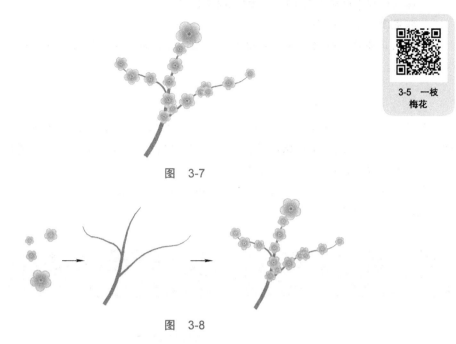

3-5 一枝梅花

图 3-7

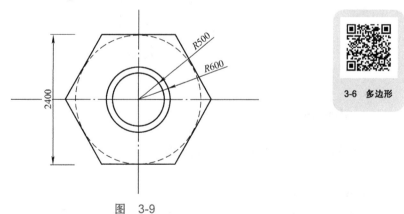

图 3-8

1. 绘制正多边形

使用 POLYGON 命令绘制正边多形。多边形的边数一般为 3~1024。可根据内接圆或外切圆生成多边形。

打开"项目三 05 六角螺母 .dwg"图形文件，如图 3-9 所示，使用多边形等命令绘制。

3-6 多边形

图 3-9

 小技巧

【正多边形】的快捷命令：POLYGON / POL。

工具按钮：⬡▾。

命令：POLYGON

输入侧面数 <4>：6

指定正多边形的中心点或 [边（E）]：

输入选项 [内接于圆（I）/ 外切于圆（C）] <I> : C

指定圆的半径：1200

绘制正多边形时要输入正多边形的边数，可内接于圆，也可外切于圆，还可通过确定边来绘制。

2. 图案填充

启动 HATCH 命令后，AutoCAD 打开【填充图案和渐变色】对话框，如图 3-10 所示。在此对话框中指定填充图案类型，再设定填充比例、角度、填充区域等参数，就可以创建图案填充。

打开"项目三 06 洗手池平面图 .dwg"图形文件，如图 3-11 所示，练习绘制图案填充命令操作。

3-7
图案填充

图　3-10

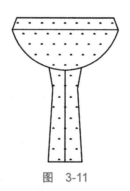

图　3-11

 小技巧

【图案填充】的快捷命令：HATCH/H。

工具按钮：　。

命令：HATCH

拾取内部点或 [选择对象（S）/ 放弃（U）/ 设置（T）]：正在选择所有对象 …

正在选择所有可见对象 …

正在分析所选数据 …

正在分析内部孤岛 …

拾取内部点或 [选择对象（S）/ 放弃（U）/ 设置（T）]：

如图 3-12 所示，进行填充时有三种填充方式，图案填充、渐变色填充和边界填充。建议选择闭合区域进行填充。纯色填充时要选择相应的颜色，渐变填充时要确定两种颜色，如图 3-13 所示。图案填充时要选择相应的图案，设置好角度、比例。

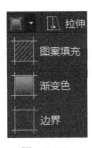

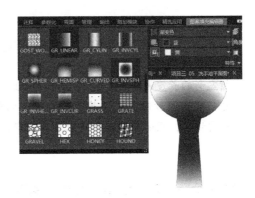

图 3-12   图 3-13

3. 比例缩放

SCALE 命令可将对象进行放大或缩小操作，可选择下面两种方式之一进行缩放。

1）选择缩放对象的基点，然后输入缩放比例因子。在比例变换图形过程中，缩放基点在屏幕上的位置将保持不变，它周围的图形元素以此点为中心按给定的比例因子放大或缩小。

2）输入一个数值或拾取两点来指定一个参考长度（第 1 个数值），然后再输入新的数值或拾取另外一点（第 2 个数值），系统将计算两个数值的比率，并以比率缩放比例因子。当用户想将某一个对象放大到特定尺寸时，就可以使用这种方法。

打开"项目三 07 立面房屋图 .dwg"图形文件，如图 3-14 所示，使用缩放命令将房子、直线进行缩放。

3-8 缩放

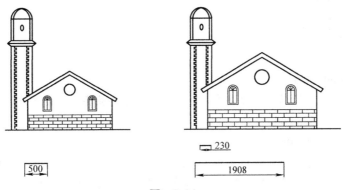

500   230

1908

图 3-14

 小技巧

【缩放】的快捷命令：SCALE/SC。

工具按钮： 缩放。

命令：SCALE

窗交（C）套索 按空格键可循环浏览选项找到 2 个

选择对象：

指定基点：

指定比例因子或［复制（C）/参照（R）]：R

指定参照长度 <500.0000>：

指定新的长度或［点（P）] <1908.0000>：230

进行比例缩放时，选好基点后，输入比例因子大于 1 时放大，小于 1 时缩小。同时进行参照缩放时，原始长度和最终长度要确定好，才可以进行缩放。

4. 绘制多段线

PLINE 命令用来创建二维多段线，多段线是由几段线段、圆弧构成的连续线条，是一个完整的图形对象。二维多段线具有以下特点。

1）能够设定多段线中线段及圆弧的宽度。

2）可以利用有宽度的多段线形成实心圆、圆环、带锥度的粗线等。

3）能在指定的线段交点处或对整个多段线进行倒角或倒直角处理。

4）可以使直线、圆弧构成闭合多段线。

打开"项目三 08 .dwg"图形文件，如图 3-15 所示，使用【多段线】命令绘制不同宽度的线。

图 3-15

3-9 多段线

小技巧

【多段线】的快捷命令：PLINE/PL。

工具按钮：[多段线]。

命令：PLINE

指定起点：

当前线宽为 60.0000

指定下一个点或［圆弧（A）/半宽（H）/长度（L）/放弃（U）/宽度（W）]：W

指定起点宽度 <60.0000>：

指定端点宽度 <89.8084>：

指定下一个点或［圆弧（A）/半宽（H）/长度（L）/放弃（U）/宽度（W）]：

指定下一个点或［圆弧（A）/闭合（C）/半宽（H）/长度（L）/放弃（U）/宽度（W）]：A

指定圆弧的端点（按住 Ctrl 键以切换方向）或

［角度（A）/圆心（CE）/闭合（CL）/方向（D）/半宽（H）/直线（L）/半径（R）/第二个点（S）/放弃（U）/宽度（W）]：

指定圆弧的端点（按住 Ctrl 键以切换方向）或

多段线在绘制过程中可设置首尾不同宽度的线，使用多段线画出来的线是一个整体，可以用 EXPLODE（简写命令 X）进行分解，分解后本身有宽度的线不再有宽度，本身是一个整体的线也不再是一个整体。另外绘制圆弧时可以指定第 2 点，再确定圆弧的方向。

5. 移动对象

启动 MOVE 命令后，首先要选择移动对象，然后通过两点或直接输入位移值来指定对象移动距离和方向，系统就将对象从原位置移动到新位置。

打开"项目三 09 离合器 .dwg"图形文件，如图 3-16 所示，使用【移动】命令将离合器移到一条直线的中点处。

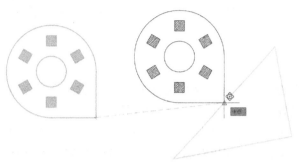

3-10　移动

图　3-16

 小技巧

【移动】的快捷命令：MOVE/M。

工具按钮：✛ 移动。

命令：MOVE

窗交（C）套索　按空格键可循环浏览选项找到 11 个

选择对象：

指定基点或 [位移（D）] ＜位移＞：

指定第二个点或＜使用第一个点作为位移＞：

执行【移动】命令时，在屏幕上指定两个点，这两点的距离和方向代表了对象移动的距离和方向。当 AutoCAD 命令行提示"指定基点"时，指定移动的基准点。在系统提示"指定第二个点"时，捕捉第二点或输入第二点相对于基准点的直角坐标或极坐标。

任务三　项目拓展

1. 移动和复制对象

移动及复制对象的命令分别是 MOVE 和 COPY，这两个命令的使用方法相似。启动 MOVE 或 COPY 命令后，首先要选择移动或复制的对象，然后通过两点或直接输入位移值来指定对象移动的距离和方向，系统就将对象从原来位置移动或复制到新位置。

打开"项目三 10 .dwg"图形文件，如图 3-17 所示，将两个大小不一的圆移动、复制到合适的位置。

3-11　项目拓展（移动和复制对象）

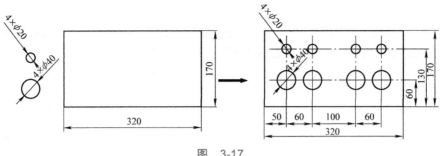

图　3-17

2. 镜像和填充对象

镜像及图案填充的命令分别是 MIRROR 和 HATCH，这两个命令经常一起使用，镜像要设置镜像线，填充时要设置填充拾取点，拾取点最好是闭合区域。

打开"项目三 11 窗帘 .dwg"图形文件，如图 3-18 所示。先使用【直线】【多段线】命令绘制出窗帘的一部分，接着使用 MIRROR 和 HATCH 命令将窗帘图案完善。

3-12　项目拓展（镜像和填充对象）

图　3-18

实训一　绘制简单的平面图形（四）

1）打开"项目三 12 圆弧垫片 .dwg"图形文件，使用 CIRCLE、MIRROR、TRIM、HATCH 等命令绘制圆弧垫片，如图 3-19 所示。

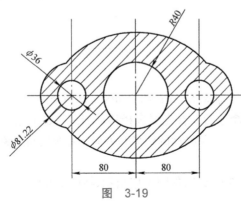

图　3-19

2）打开"项目三 13 垫片 .dwg"图形文件，使用 CIRCLE、LINE、COPY 等命令绘制简单的图形，如图 3-20 所示。

3）打开"项目三 14 太极图形 .dwg"图形文件，使用 CIRCLE、TRIM、HATCH 等命令绘制太极图形，如图 3-21 所示。

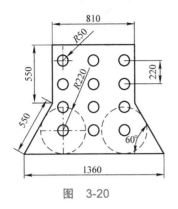

图　3-20

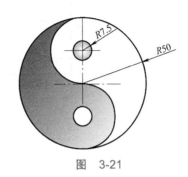

图　3-21

实训二　绘制简单的平面图形（五）

1）打开"项目三 15 交通信号灯 .dwg"图形文件，使用 CIRCLE、LINE、COPY、OFF-SET 等命令绘制交通信号灯，如图 3-22 所示。

2）打开"项目三 16 欧式木门 .dwg"图形文件，使用 PLINE 、TRIM、HATCH 等命令绘制欧式木门，如图 3-23 所示。

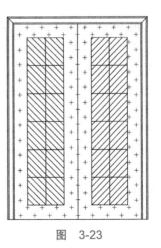

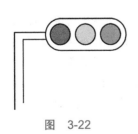

图　3-22

图　3-23

3）打开"项目三 17 篮球场平面图 .dwg"图形文件，使用 CIRCLE、LINE、COPY、OFF-SET、MIRROR 等命令绘制篮球场平面图，如图 3-24 所示。

4）打开"项目三 18 梅花树 .dwg"图形文件，使用 PLINE、POLYGON、TRIM、CIR-CLE、MOVE 等命令绘制梅花树平面图形，如图 3-25 所示。

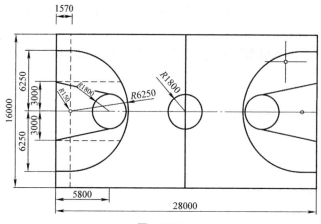

图 3-24

图 3-25

【项目小结】

1）使用 POLYGON 命令绘制正多边形，多边形的倾斜方向可以通过顶点的坐标值来确定。

2）使用 CIRCLE 命令绘制圆。

3）使用 MOVE 命令移动对象，使用 COPY 命令复制对象。这两个命令的操作方法是相同的，用户可通过输入两点来指定对象位移的距离和方向，也可直接输入沿 X、Y 轴的位移值，或以极坐标形式表明位移矢量。

4）使用 PLINE 命令创建连续的多段线，生成对象都是一个整体的图形对象，可以是直线，也可以是弧线，也可以是不同宽度的直线，同时可用 EXPLODE 命令将多段线进行分解。

5）使用 MIRROR 命令镜像对象，操作过程可设置是否删除源对象。

6）使用 HATCH 命令图案填充，启动该命令后，AutoCAD 将打开【图案填充和渐变色】对话框，该对话框中【角度】选项用于修改剖面图案的旋转角度，【比例】选项用于修改剖面图案的疏密程度。

项目四
绘制椭圆、样条曲线
等对象组成的平面图形

【学习目标】

1）掌握绘制椭圆、椭圆弧的方法。

2）掌握绘制样条曲线的方法。

3）掌握阵列、圆角对象的方法。

4）掌握绘制圆弧的方法。

5）了解编辑填充图案的方法。

任务一　绘制椭圆在机械制图中的应用

本任务介绍如何使用 CIRCLE、ELLIPSE、OFFSET、TRIM 等命令绘制"项目四 01 椭圆在机械制图中的应用 .dwg"文件中的图形，如图 4-1 所示。该图由椭圆、圆等对象组成，首先用直线命令绘制辅助线，使用椭圆命令绘制椭圆，接着用 OFFSET 命令进行适当偏移，使用 FILLET 命令对相关对象进行圆角，对结构相同的部分使用镜像操作。

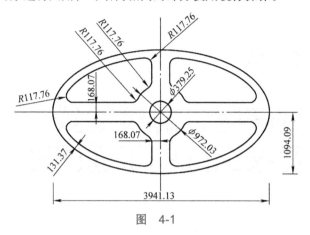

图　4-1

首先绘制定位辅助线、两个椭圆和两个圆，接着进行修剪、圆角操作，最后使用【镜像】命令将图形完善，具体绘图过程如图 4-2 所示。

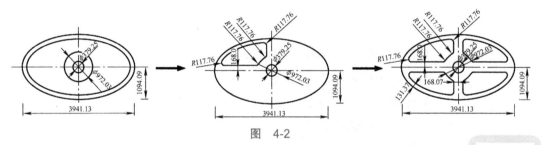

图　4-2

1. 绘制椭圆

用 ELLIPSE 命令绘制椭圆，常用的画椭圆方法是指定圆心、轴与端点以及椭圆弧，具体画椭圆的方法及效果如图 4-3、图 4-4 所示。

4-1
椭圆命令

图　4-3

图　4-4

小技巧

【椭圆】的快捷命令：ELLIPSE/EL。

工具按钮：

命令：ELLIPSE

指定椭圆的轴端点或 [圆弧（A）/ 中心点（C）]：

指定轴的另一个端点：3941.13

指定另一条半轴长度或 [旋转（R）]：1094.09

【椭圆】命令中的参数选项 A，表示用户可以绘制一段椭圆弧，首先绘制一个完整的椭圆，然后系统提示用户指定椭圆弧的起始角及终止角；椭圆命令中的参数选项 C，表示用户可通过椭圆中心点、长轴及短轴来绘制椭圆；椭圆命令中的参数选项 R，表示按旋转方式绘制椭圆，即将圆绕直径转动一定角度后，再投影到平面上形成椭圆。

2. 倒圆角

用 FILLET 命令创建圆角，操作的对象包括直线、多段线、样条曲线、圆、圆弧等。

打开"项目四 02 垫片平面图 .dwg"图形文件，如图 4-5 所示，使用【圆角】命令对垫片进行倒圆角操作。

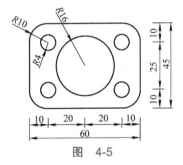

图　4-5

4-2
圆角命令

 小技巧

【圆角】的快捷命令：FILLET/F。

工具按钮：

命令：FILLET

当前设置：模式 = 修剪，半径 = 0.0000

选择第一个对象或 [放弃（U）/ 多段线（P）/ 半径（R）/ 修剪（T）/ 多个（M）]：R

指定圆角半径 <0。0000>：10

选择第一个对象或 [放弃（U）/ 多段线（P）/ 半径（R）/ 修剪（T）/ 多个（M）]：P

选择二维多段线或 [半径（R）]：选择二维多段线或 [半径（R）]：

4 条直线已被圆角

【圆角】命令中的参数选项 P 代表可对多段线进行倒圆角；参数选项 R 是设置圆角的半径，其值太大或太小都无法进行倒圆角；参数选项 T 是指倒圆角后是否删除多余的线。

3. 阵列对象

在 AutoCAD 绘图过程中，如果需要多个重复有规律的对象，可以使用【阵列】命令，主要有三种阵列方式，分别是【矩形阵列】【路径阵列】和【环形阵列】，如图 4-6 所示。

4-3　矩形阵列命令

图　4-6

（1）矩形阵列对象　使用 ARRAYRECT 命令可以将对象按行、列方式进行排列。如图 4-7 所示，矩形阵列需要设定阵列的行数、列数、行间距、列间距等参数。如果要沿倾斜方向生成矩形阵列，还需要将阵列后的整体进行旋转操作。

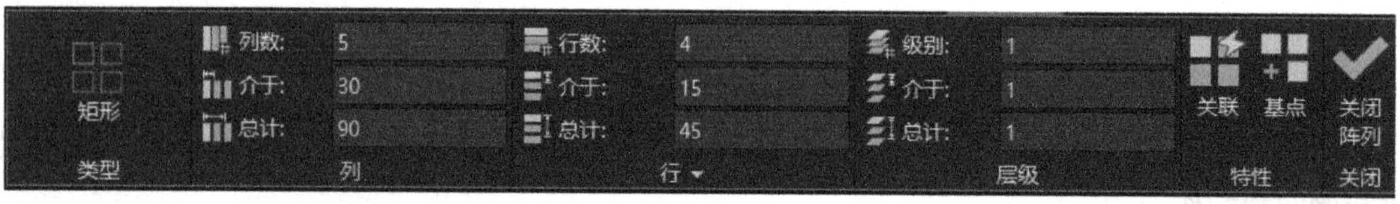

类型	列			行 ▼			层级			特性		关闭
矩形	列数:	5		行数:	4		级别:	1		关联	基点	关闭阵列
	介于:	30		介于:	15		介于:	1				
	总计:	90		总计:	45		总计:	1				

图　4-7

打开"项目四 03 计算器 .dwg"图形文件，如图 4-8 所示，使用【矩形阵列】命令对计算器的按键进行复制。

图　4-8

命令：ARRAYRECT
选择对象：找到 1 个
选择对象：
类型 = 矩形　关联 = 否
选择夹点以编辑阵列或 [关联（AS）/ 基点（B）/ 计数（COU）/ 间距（S）/ 列数（COL）/ 行数（R）/ 层数（L）/ 退出（X）] < 退出 >：R
输入行数或 [表达式（E）] <4>：5
指定行数之间的距离或 [总计（T）/ 表达式（E）] <15>：
指定第二点：

指定行数之间的标高增量或 [表达式（E）]<0>：

选择夹点以编辑阵列或 [关联（AS）/ 基点（B）/ 计数（COU）/ 间距（S）/ 列数（COL）/ 行数（R）/ 层数（L）/ 退出（X）]<退出>：COL

输入列数或 [表达式（E）]<5>：5

指定列数之间的距离或 [总计（T）/ 表达式（E）]<30>：

选择夹点以编辑阵列或 [关联（AS）/ 基点（B）/ 计数（COU）/ 间距（S）/ 列数（COL）/ 行数（R）/ 层数（L）/ 退出（X）]<退出>：

（2）环形阵列对象　使用 ARRAYPOLAR 命令可以将对象绕阵列中心点进行角度均匀的分布。决定环形阵列的主要参数有阵列中心、阵列总角度及阵列数目。此外，用户也可设置阵列总数及每个对象间的夹角来生成环形阵列，如图 4-9 所示。

4-4　环形
阵列命令

打开"项目四　04 形状花 .dwg"图形文件，如图 4-10 所示，使用环形阵列对多边形进行复制，并填充不同的颜色。

图　4-9

图　4-10

命令：ARRAYPOLAR

选择对象：找到 1 个

选择对象：

类型 = 极轴　关联 = 否

指定阵列的中心点或 [基点（B）/ 旋转轴（A）]：

选择夹点以编辑阵列或 [关联（AS）/ 基点（B）/ 项目（I）/ 项目间角度（A）/ 填充角度（F）/ 行（ROW）/ 层（L）/ 旋转项目（ROT）/ 退出（X）]<退出>：

（3）路径阵列对象　使用 ARRAYPATH 命令可以将对象根据路径进行若干次复制，路径可以是直线、多段线、三维多段线、样条曲线、螺旋、圆弧、圆或椭圆。路径阵列时要设置基点、项目个数、行、层、是否对齐项目等，如图 4-11 所示。

4-5　路径
阵列命令

图　4-11

打开"项目四　05 路灯 .dwg"图形文件，如图 4-12 所示，将路灯图形延着曲线进行路径阵列，并设置不同的参数。

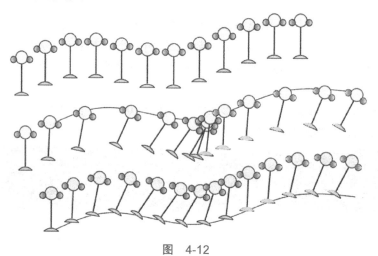

图　4-12

✏️ 小技巧

阵列的快捷命令：ARRAY / AR。

工具按钮：⊞ 阵列 ▾。

命令：ARRAYPATH

窗口（W）套索　按空格键可循环浏览选项找到 12 个

选择对象：

类型 = 路径　关联 = 否

选择路径曲线：

选择夹点以编辑阵列或 [关联（AS）/ 方法（M）/ 基点（B）/ 切向（T）/ 项目（I）/ 行（R）/ 层（L）/ 对齐项目（A）/z 方向（Z）/ 退出（X）]＜退出＞：A

是否将阵列项目与路径对齐？[是（Y）/ 否（N）]＜是＞：Y

选择夹点以编辑阵列或 [关联（AS）/ 方法（M）/ 基点（B）/ 切向（T）/ 项目（I）/ 行（R）/ 层（L）/ 对齐项目（A）/z 方向（Z）/ 退出（X）]＜退出＞：B

指定基点或 [关键点（K）]＜路径曲线的终点＞：

如果在命令行中直接输入 AR，可以在弹出的菜单中选择阵列方式，如矩形阵列、路径阵列、极轴阵列（环形阵列）。

任务二　绘制花瓶立面图

本任务介绍如何使用 ARC、SPLINE 等命令绘制"项目四 06 绘制花瓶 .dwg"文件中的图形，如图 4-13 所示，该图由样条曲线、圆弧等对象组成。

首先用【直线】命令绘制辅助线，接着用【样条曲线】命令绘制花瓶的一边轮廓，然后使用【镜像】命令复制另一边，用【圆弧】命令绘制花瓶瓶口和瓶底，最后用【样条曲线】命令绘制花枝，也可在花枝上加些点缀，具体绘图过程如图 4-14 所示。

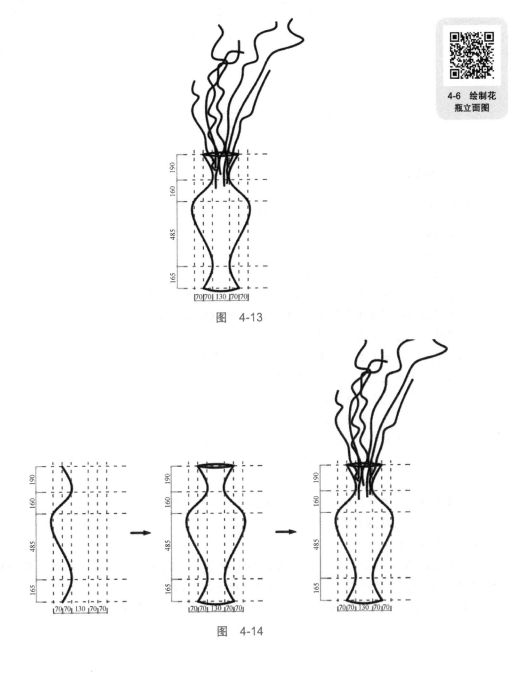

4-6 绘制花
瓶立面图

图　4-13

图　4-14

1. 绘制样条曲线

利用 SPLINE 命令绘制光滑曲线，该曲线通过拟合给定的一系列数据点形成曲线。在工程绘图时，也可利用 SPLINE 命令绘制波浪线。

打开"项目四 07 样条曲线运用 仙鹤艺术品 .dwg"图形文件，如图 4-15 所示，使用样条曲线绘制仙鹤艺术品。

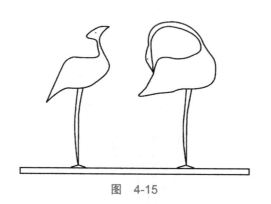

4-7 样条曲线命令

图 4-15

小技巧

【样条曲线】的快捷命令：SPLINE / SPL。

工具按钮：〰〰。

命令：SPLINE

当前设置：方式＝拟合 节点＝弦

指定第一个点或 [方式（M）/ 节点（K）/ 对象（O）]：_M

输入样条曲线创建方式 [拟合（F）/ 控制点（CV）] ＜拟合＞：_FIT

当前设置：方式＝拟合 节点＝弦

指定第一个点或 [方式（M）/ 节点（K）/ 对象（O）]：

输入下一个点或 [起点切向（T）/ 公差（L）]：

输入下一个点或 [端点相切（T）/ 公差（L）/ 放弃（U）]：

输入下一个点或 [端点相切（T）/ 公差（L）/ 放弃（U）/ 闭合（C）]：

输入下一个点或 [端点相切（T）/ 公差（L）/ 放弃（U）/ 闭合（C）]：T

指定端点切向：

如果在命令行中直接输入 SPL，系统会提示 3 个参数，参数选项 M 是代表绘制曲线的方式，如拟合、控制点方式；执行参数选项 K 后，同样有 3 个选项如弦、平方根、统一，这 3 个选项都需要输入值。

用 PLINE 命令绘制多段线，可用 PEDIT 命令将多段线转变成样条曲线，接着执行 SPLINE 命令中参数选项【O】，相当于将线进行了拟合操作。

在绘制样条曲线时要注意起始点方向，也可对样条曲线进行闭合操作。

2. 绘制圆弧

　　ARC 命令可绘制圆弧，圆弧是圆的一部分，画圆弧的方法有很多，如图 4-16 所示。在【圆弧】下拉菜单中，可以按给出画圆弧的条件与顺序进行选择，并按其顺序输入各项数据即可绘制圆弧。图 4-17 所示为 11 种画圆弧的方法。

4-8
圆弧命令

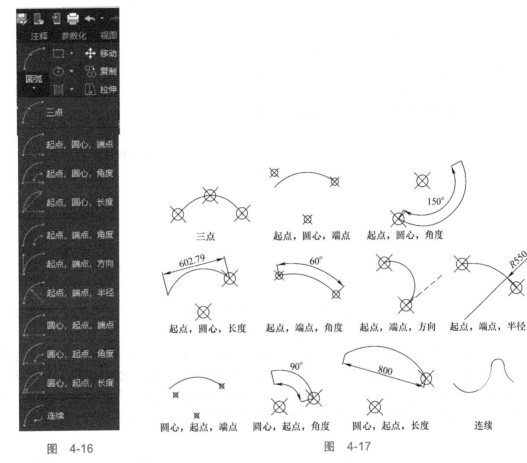

图 4-16

图 4-17

　　打开"项目四 08 小鸟 .dwg"图形文件，如图 4-18 所示，使用【圆弧】【直线】等命令绘制一个小鸟图形。

图 4-18

 小技巧

【圆弧】的快捷命令：ARC / A。

工具按钮：

命令：ARC

指定圆弧的起点或 [圆心（C）]：

指定圆弧的第二个点或 [圆心（C）/ 端点（E）]：e

指定圆弧的端点：

指定圆弧的中心点（按住 Ctrl 键以切换方向）或 [角度（A）/ 方向（D）/ 半径（R）]：d

指定圆弧起点的相切方向（按住 Ctrl 键以切换方向）：

在绘制圆弧的过程中，要选择合适的画弧方法，在实际绘图时要配合【对象捕捉】命令一起使用。

任务三　项目拓展

1.【圆角】和【偏移】命令

倒圆角和偏移对象的命令分别是 FILLET 和 OFFSET，【圆角】命令可以一次对多个对象倒圆角，【偏移】命令可以让多个对象偏移的距离相同。

打开素材"项目四 09 绘制板凳平面图 .dwg"图形文件，如图 4-19 所示。首先用【直线】或【多段线】命令绘制板凳的外轮廓线；使用【圆角】命令对轮廓线倒圆角，圆角半径为 20mm；接着将外轮廓线向里面进行偏移，分别偏移 20mm；然后对多余部分进行修剪，凳角对角线进行连接，并将线型改为虚线。该实例要求掌握【圆角】【偏移】命令的基本操作。

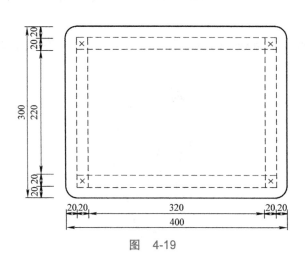

4-9　绘制板凳平面图

图　4-19

2.【样条曲线】和【缩放】命令

绘制样条曲线和缩放图形的命令分别是 SPLINE 和 SCALE,【样条曲线】命令可以绘制出曲线,画好后可选中样条曲线,对其进行调整;【缩放】命令可以对图形对象进行比例缩放,一定要选好基点,可放大或缩小对象。

4-10
绘制落日图

打开"项目四 10 缩放命令 落日图 .dwg"图形文件,如图 4-20 所示。首先用【样条曲线】命令绘制鸟和山的图形轮廓;然后使用【复制】命令复制出多个小鸟图形;使用【缩放】命令对鸟图形的大小进行比例缩放;用【圆】命令绘制落日图形;最后使用【图案填充】命令进行颜色填充。本实例重点要求掌握【样条曲线】和【缩放】命令。

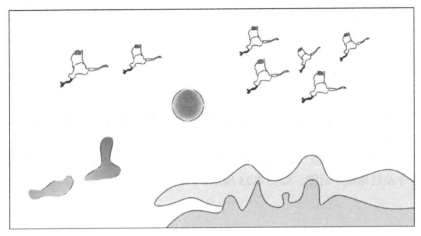

图　4-20

阵列和镜像图形的命令分别是 ARRAY 和 MIRROR,【阵列】命令可以进行环形阵列、矩形阵列、路径阵列,阵列时要注意相关参数的输入。镜像对象时一定要设置好镜像线,确定是否需要删除源对象。

4-11　绘制立
面栏杆图

打开"项目四 11 立面栏杆图 .dwg"图形文件,如图 4-21 所示。首先用【样条曲线】命令绘制立面栏杆柱一半的轮廓线;使用【镜像】命令镜像另一半轮廓线;接着用【矩形】命令绘制栏杆柱的顶部和底部;使用【矩形阵列】命令阵列出一行栏杆柱,成为一个整体。最后绘制大小不一的矩形放到栏杆柱的上面和下面。本实例重点要求掌握阵列和镜像命令。

图　4-21

实训一　绘制简单的平面图形（六）

1）打开"项目四 12 样条曲线运用 雨伞 .dwg"图形文件，使用 SPLINE、PLINE、ARC、HATCH 等命令绘制雨伞立面图，如图 4-22 所示。

2）打开"项目四 13 样条曲线运用 红旗 .dwg"图形文件，使用 SPLINE，HATCH 等命令绘制简单的红旗平面图，如图 4-23 所示。

图　4-22　　　　　　　　　　　　　　　图　4-23

3）打开"项目四 14 落日 .dwg"图形文件，使用 ARC、HATCH、LINE、ARRAY 等命令进行绘制，如图 4-24 所示。

4）打开"项目四 15 地板 .dwg"图形文件，使用 ARC、SPLINE、TRIM、LINE、HATCH、ARRAY 等命令绘制地板平面图，如图 4-25 所示。

图　4-24　　　　　　　　　　　　　　　图　4-25

实训二　绘制简单的机械零件图

1）打开"项目四 16 机件图 .dwg"图形文件，使用 LINE、CIRCLE、COPY、MIRROR、TRIM 等命令绘制机件图，如图 4-26 所示。

2）打开"项目四 17 吊钩 .dwg"图形文件，使用 LINE、CIRCLE、COPY、FILLET 、TRIM 等命令绘制吊钩零件图，如图 4-27 所示。

3）打开"项目四 18 外卡零件图 .dwg"图形文件，使用 LINE、CIRCLE、TRIM 等命令绘制外卡零件图，如图 4-28 所示。

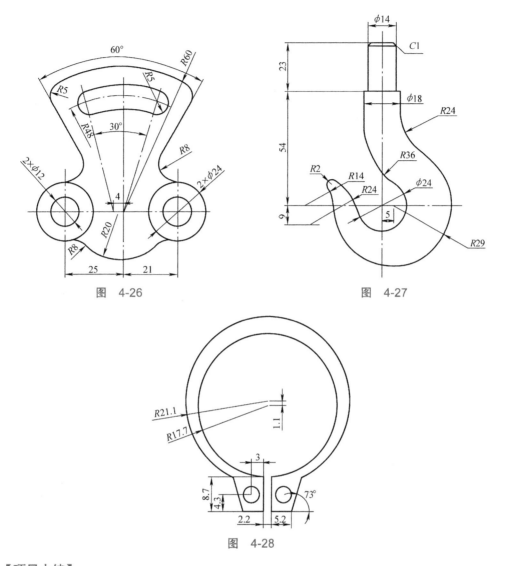

图　4-26

图　4-27

图　4-28

【项目小结】

1）使用 SPLINE 命令绘制样条曲线，样条曲线可以是拟合的，也可用控制点绘制，用样条曲线可以绘制一些光滑的线，绘制时要注意起始点的方向。

2）使用 ARC 命令绘制圆弧，圆弧的绘制方法比较多，下拉列表中的前三种画弧法是最常用的。

3）使用 ELLIPSE 命令绘制椭圆或椭圆弧，可以绘制倾斜方向的椭圆（弧）。

4）使用 FILLET 命令对线、弧等对象进行倒圆角操作时，一定要根据题目要求设置半径，以及确定是否需要进行修剪操作。

5）使用 ARRAY 命令对图形对象进行阵列操作，有环形阵列、矩形阵列和路径阵列三种方式，阵列时要选择好对象，环形阵列要设置好圆心点，矩形阵列要设置好行列间距，路径阵列要选择好往哪个方向进行阵列，并设置相应的距离或项目数，在阵列过程中设置阵列对象是否关联、是否对齐等操作。

项目五

绘制矩形、点等对象组成的平面图形

【学习目标】

1）掌握绘制矩形的方法。

2）掌握倒角的方法。

3）掌握绘制点和设置点样式的方法。

4）掌握定数等分、定距等分的方法。

任务一　绘制复合形状拼花平面图模型

本任务是使用 RECTANG、CIRCLE、ARC、OFFSET、CHAMFER 等命令绘制"项目五 01 复合形状拼花平面图模型 .dwg"图形文件中的图形，如图 5-1 所示。该图由圆、圆弧、直线等对象组成。

5-1　绘制复合形状拼花平面图模型

图　5-1

首先用【矩形】命令绘制复合形拼花平面的外轮廓线；然后对它进行倒直角操作；接着画圆；使用【偏移】命令来偏移圆、矩形，具体绘图过程如图 5-2 所示。

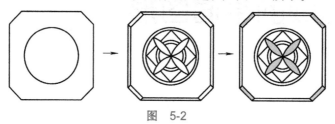

图　5-2

1. 绘制矩形

用 RECTANG 命令绘制矩形，常用的画矩形的方法是指定一个点和另一个对角点的位置，同时可以设置矩形的相关参数，如标高、宽度等，具体绘制效果如图 5-3 所示。

5-2　矩形命令

图　5-3

打开"项目五 02 正立面门图 .dwg"图形文件，如图 5-4 所示，使用【矩形】命令绘制各种立面门。

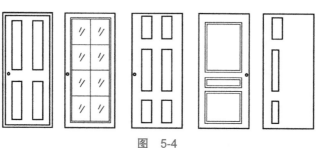

5-3　绘制正立面门图

图　5-4

小技巧

矩形的快捷命令：RECTANG / REC。

工具按钮：□。

命令：RECTANG

当前矩形模式：标高 =1006.0086　厚度 =394.1267　宽度 =467.9960

指定第一个角点或 [倒角（C）/ 标高（E）/ 圆角（F）/ 厚度（T）/ 宽度（W）]：E

指定矩形的标高 <1006.0086>：-1000

指定第一个角点或 [倒角（C）/ 标高（E）/ 圆角（F）/ 厚度（T）/ 宽度（W）]：

指定另一个角点或 [面积（A）/ 尺寸（D）/ 旋转（R）]：

绘制矩形时，指定矩形的一个角点，拖动鼠标光标时，绘图区上显示出一个矩形，这个时候会提示指定另一个角点，用户可根据绘图要求输入相应的坐标值。常用命令选项介绍如下：

①【倒角（C）】：可指定矩形各顶点倒角的大小，有两个倒角距离的设置。

②【标高（E）】：确定矩形所在平面高度，默认情况下，矩形是在 XY 平面内（Z 坐标值为 0），标高的值可以为正，也可为负。

③【圆角（F）】：指定矩形各顶点倒圆角半径，这个圆角半径的值根据要求进行设置。

④【厚度（T）】：设置矩形的厚度，在三维绘图中常使用该选项。

⑤【宽度（W）】：可设置矩形边的宽度。

⑥【面积（A）】：先输入矩形面积，再输入矩形长度或宽度值创建矩形。

⑦【尺寸（D）】：输入矩形的长、宽尺寸创建矩形。

⑧【旋转（R）】：设定矩形的旋转角度。

2. 倒角对象

用 CHAMFER 命令创建倒角，倒角时既可以输入每条边的倒角，也可以输入某条边上倒角的长度及与此边的夹角。打开"项目五 03 矩形倒角操作 .dwg"图形文件，如图 5-5 所示，使用【倒角】命令对矩形的四个角进行不同的倒角操作，并确定是否需要进行修剪操作。

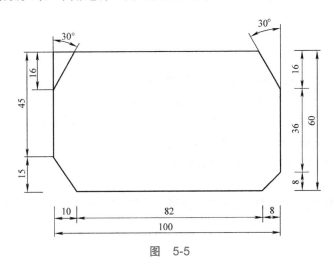

5-4
倒角命令

图　5-5

小技巧

【倒角】的快捷命令：CHAMFER/CHA。

工具按钮：倒角。

命令：CHAMFER

（"修剪"模式）当前倒角长度 = 16.0000，角度 = 30

选择第一条直线或 [放弃（U）/多段线（P）/距离（D）/角度（A）/修剪（T）/方式（E）/多个（M）]：T

输入修剪模式选项 [修剪（T）/不修剪（N）] <修剪>：N

选择第一条直线或 [放弃（U）/多段线（P）/距离（D）/角度（A）/修剪（T）/方式（E）/多个（M）]：A

指定第一条直线的倒角长度 <16.0000>：16

指定第一条直线的倒角角度 <30>：30

选择第一条直线或 [放弃（U）/多段线（P）/距离（D）/角度（A）/修剪（T）/方式（E）/多个（M）]：

选择第二条直线，或按住 Shift 键选择直线以应用角点或 [距离（D）/角度（A）/方法（M）]：

在倒角为 0 时，CHAMFER 命令将使两边相交；CHAMFER 命令也可以对三维实体的棱边倒角；倒角两条边的当前图层、线型和颜色都不改变，将两倒角距离临时设置为 0，可以创建一个锐角，如图 5-6 所示。

图　5-6

用户可根据绘图要求输入相应的命令参数值，常用的命令选项介绍如下：

① 【多段线（P）】：对多段线的每个顶点执行倒角操作。

② 【距离（D）】：设定倒角距离，若倒角距离为 0，则系统将被倒角的两个对象交于一点。

③ 【角度（A）】：指定倒角距离及倒角角度。

④ 【修剪（T）】：设置倒角时是否修剪对象。

⑤ 【多个（M）】：可一次创建多个倒角。

⑥ 按住 Shift 键选择直线以应用角点的直线：若按 <Shift> 键选择第二个倒角对象时，则以 0 值替代当前的倒角距离。

任务二　绘制棘轮平面图

本任务介绍如何使用 CIRCLE、ARC、DIVIDE、HATCH 等命令绘制"项目五 04 棘轮平面图 .dwg"文件中的图形，如图 5-7 所示。

首先用【圆】命令绘制三个同心圆，并对最外面的两个圆进行定数等分以及点样式设置；接着利用【对象捕捉】命令捕捉节点来画圆弧，对画出来的圆弧进行环形阵列操作；然后在最小的圆左边象限点处画一个正方形，并将多余的线、圆进行适当修剪；最后进行图案填充，具体绘图过程如图 5-8 所示。

5-5　绘制棘轮平面图

图　5-7

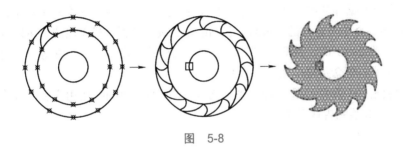

图　5-8

1. 绘制点

用 POINT 命令可以一次性绘制多个点，点的样式共有 20 种，用户可以根据需要设置点的大小及点的样式，具体操作如图 5-9 所示。

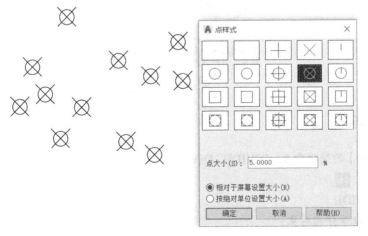

5-6　绘制点

图　5-9

小技巧

点的快捷命令：POINT/PO。

工具按钮：　。

命令：POINT

当前点模式：PDMODE=0　PDSIZE=0.0000

指定点：

执行点命令操作，可在绘图区域绘制多个点，默认情况下，点是看不到的，需要重新设置点样式，设置点样式的命令是 PTYPE，其相应的按钮 点样式... 可在【实用工具】面板中进行选择。在【点样式】对话框中设置点大小，可选择【相对于屏幕设置大小】或【按绝对单位设置大小】。

2. 定数等分点

DIVIDE 命令根据等分数目在图形对象上放置等分点，这些点并不分割对象，只是标明等分的位置。AutoCAD 中可等分的图形对象包括线段、圆、圆弧、样条曲线、多段线等。

等分数范围为 2~32767，在等分点处，按当前点样式给出等分点。在等分点处也可以插入指定的块（关于块的概念及操作见项目七）。

打开"项目五　05 吉祥云图 .dwg"图形文件，如图 5-10 所示，使用【多段线】【定数等分】【环形阵列】等命令绘制吉祥云图平面图。

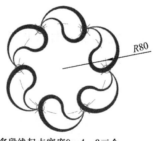

5-7　定数等分点

多段线起点宽度 0、4、8 三个尺寸，方向为起点切向方向。

图　5-10

 小技巧

【定数等分】的快捷命令：DIVIDE / DIV。

工具按钮：　。

命令：DIVIDE

选择要定数等分的对象：

输入线段数目或 [块（B）]：6

执行定数等分命令，一次性只能选择一个图形对象进行等分，选好对象后再输入需要等分的数目。一般情况下，看不到等分点，一定要记得设置点样式。在等分对象时，也可对图块进行等分，打开"项目五 06 定数等分块操作 .dwg"图形文件，如图 5-11 所示。

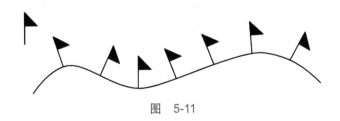

图　5-11

3. 定距等分点

MEASURE 命令在图形对象上按指定的距离放置点对象,这些点可以在【对象捕捉】对话框中进行设置，然后就可以进行捕捉节点操作。对于不同类型的图形对象，距离测量的起始点不同。当操作对象为直线、圆弧或多段线时，起始点位于距选择点最近的端点。如果是圆，则一般从 0° 开始进行测量。

打开"项目五 07 定距等分操作 .dwg"图形文件，如图 5-12 所示，对多段线、圆、矩形进行定距等分操作。

5-8　定距等分命令

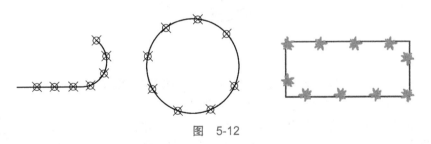

图　5-12

✏️ **小技巧**

【定距等分】的快捷命令：MEASURE/ ME。

工具按钮：■。

命令：MEASURE

选择要定距等分的对象：

指定线段长度或 [块（B）]：B

输入要插入的块名：hua

是否对齐块和对象？ [是（Y）/ 否（N）]<Y>：Y

指定线段长度：指定第二点：

执行定距等分命令操作，一次性只能选择一个图形对象进行等分，选择好对象后要设置定距等分的距离。在定距等分对象时，也可对图块进行等分。无论是定数等分对象，还是定距等分对象，如果是闭合对象，会比非闭合对象的多一个节点。

任务三　项目拓展

1.【定数等分】和【环形阵列】命令

定数等分和环形阵列对应的命令分别是 DIVIDE 和 ARRAYPOLAR，【定数等分】命令一次只能等分一个对象，【环形阵列】命令可以让多个对象围绕着某个中心点进行旋转。

打开"项目五 08 圆形拼花平面图模型 .dwg"图形文件，如图 5-13 所示。首先使用【圆】命令绘制出 4 个大小不一的圆，然后绘制从圆心到象限点的线段，并对该线段进行环形阵列。用【修剪】命令将线段多余部分删除，最后进行图案填充。通过该案例掌握定数等分的方法和选择环形阵列对象的基本操作。

5-9　绘制圆形拼花平面图模型

图　5-13

2.【矩形】和【矩形阵列】命令

矩形和矩形阵列对应的命令分别是 RECTANG 和 ARRAYRECT。在下面的实例中可以使用【矩形】命令绘制窗户、栏杆及外墙。

5-10　绘制楼房正立面图

打开"项目五 09 楼房正立面图 .dwg"图形文件，如图 5-14 所示。首先使用【矩形】命令绘制两种不同大小的窗户，其中需要使用【偏移】命令。当窗户画好后，移到合适的位置，并复制一个相同的窗户，在窗户下面绘制栏杆，这样就把它们组成一个整体。最后使用【矩形阵列】命令对窗户进行适当阵列，注意行列之间距离的设置。使用同样的方法，对屋檐、墙脚的绘制都可以用【矩形】命令进行绘制。本案例主要要求进行【矩形】和【矩形阵列】命令的操作练习，对尺寸没有严格的要求，但要注意图形整体协调，保持美观。

图　5-14

3.【图案填充】命令

图案填充对应的命令是 HATCH。在下面的案例中使用【矩形】命令绘制房子立面，并对图案进行填充。

打开"项目五 10 屋前小路 .dwg"图形文件，如图 5-15 所示。首先使用【矩形】命令绘制房子立面，接着用【样条曲线】命令绘制山和树，最后对图形区域进行图案填充操作。在操作过程中，可以将不同的图形搭配不同颜色，这样更加美观。本案例重点要求掌握【矩形】和【图案填充】命令的操作。

5-11 绘制屋
前小路

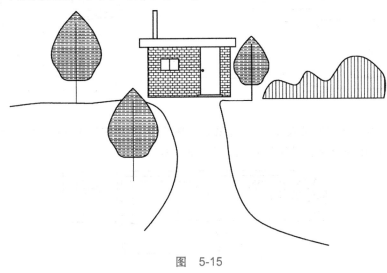

图   5-15

实训一　绘制简单的建筑家居图形

1）打开"项目五 11 立面厨房 .dwg"图形文件，使用 LINE、RECTANG、TRIM、HATCH 等命令绘制厨房立面图，如图 5-16 所示。

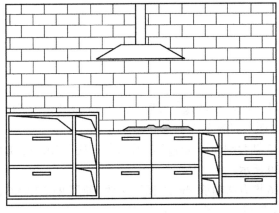

图   5-16

2）打开"项目五 12立面床 床头柜 床头灯 .dwg"图形文件，使用 LINE、RECTANG、TRIM、HATCH、MIRROR 等命令进行绘制，如图 5-17 所示。

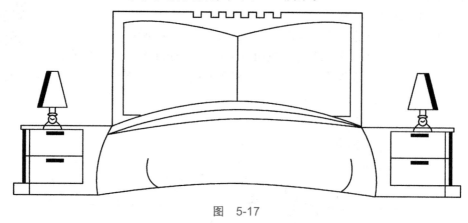

图　5-17

3）打开"项目五 13 双人床平面图 .dwg"图形文件，使用 LINE、RECTANG、TRIM、SPLINE、MIRROR 等命令绘制双人床平面图，如图 5-18 所示。

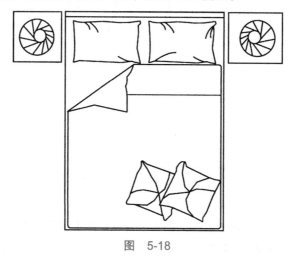

图　5-18

实训二　绘制简单的机械平面图形（一）

1）打开"项目五 14 手动螺钉 .dwg"图形文件，使用 LINE、RECTANG、TRIM、HATCH 等命令绘制手动螺钉平面图，如图 5-19 所示。

2）打开"项目五 15 轴套剖面图 .dwg"图形文件，使用 LINE、TRIM、HATCH 等命令绘制轴套剖面图，如图 5-20 所示。

3）打开"项目五 16 推力球轴承 .dwg"图形文件，使用 RECTANG、LINE、TRIM、HATCH 等命令绘制推力球轴承零件图，如图 5-21 所示。

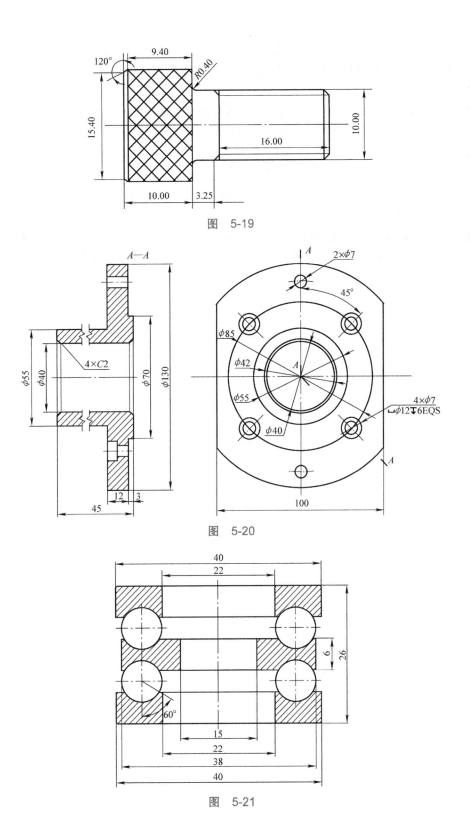

图 5-19

图 5-20

图 5-21

【项目小结】

1）使用 RECTANG 命令绘制矩形，在绘制过程中可以设置【倒角（C）】【标高（E）】【圆角（F）】【厚度（T）】【宽度（W）】相关参数。在绘制矩形过程中，一般先指定一个角点，再确定另一个角点的位置。

2）使用 CHAMFER 命令对对象进行倒直角操作时，可一次性对多段线进行倒直角，也可以设置倒直角的距离，同样也可设置角度方向的倒角等。在执行倒直角命令的过程中，一定要注意是否进行修剪操作。

3）使用 POINT 命令可一次性绘制多个点，同时需要使用 PTYPE 命令对点样式进行调整。一般情况下，在定数等分或定距等分对象的过程中需对点样式进行设置，还需要在【对象捕捉】对话框中进行设置，才能够准确捕捉到相应的点。

4）使用 DIVIDE 和 MEASURE 命令时，先要选择对象，然后确定等分数目或者等分的距离。一般情况下，以选择对象的最近点开始进行等分操作。等分闭合对象时比不闭合等分对象时要多一个节点。

项目六
绘制倾斜图形和
改变线的特性

【学习目标】

1）掌握旋转对象的方法。

2）掌握对齐对象的方法。

3）掌握拉伸对象的方法。

4）了解打断、拉长对象的方法。

5）了解关键点的编辑方式。

6）了解使用 PROPERTIES 命令改变对象属性的方法。

7）熟悉匹配对象特性的方法。

任务一　调整图形的位置及倾斜方向

本任务介绍如何使用 ROTATE、ALIGN、LINE、CIRCLE、TRIM 等命令绘制"项目六　01 旋转对齐平面图 .dwg"图形文件中的平面图形，如图 6-1 所示，该图形中有倾斜的对象。

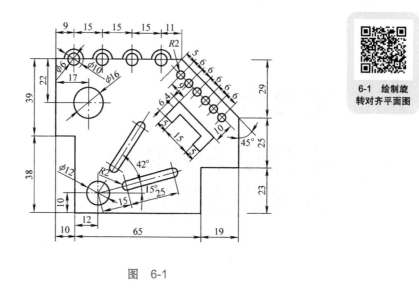

图　6-1

首先绘制图形外轮廓线和倾斜的对象，然后旋转倾斜对象并对齐，具体绘图过程如图 6-2 所示。

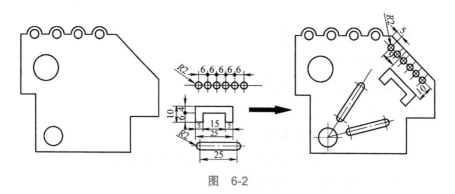

图　6-2

1.【旋转】命令（ROTATE）

用 ROTATE 命令可以旋转图形，改变图形的方向。使用此命令时，需要指定旋转基点，然后输入旋转角度就可以转动图形。此外，也可将某个方位作为参照位置，然后选择一个新对象或输入一个新角度值来指定要旋转到的位置，如图 6-3 所示。

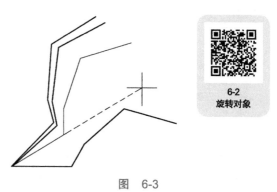

图　6-3

小技巧

【旋转】的快捷命令：ROTATE/RO。

工具按钮：⟳ 旋转。

命令：ROTATE

UCS 当前的正角方向：ANGDIR= 逆时针方向 ANGBASE=0

选择对象：找到 1 个

选择对象：

指定基点：

指定旋转角度，或 [复制（C）/参照（R）] <42>：C

旋转一组选定对象。

指定旋转角度，或 [复制（C）/参照（R）] <42>：45

命令选项介绍如下：

①【指定旋转角度】：指定旋转基点并输入绝对旋转角度来旋转图形。旋转角度是基于当前用户坐标系测量的。如果输入负的旋转角度，则选定的对象按顺时针方向旋转；反之，被选择的对象将按逆时针方向旋转。

②【复制（C）】：旋转对象的同时复制对象。

③【参照（R）】：指定某个方向作为起始参照，然后选择一个新对象作为原对象要旋转到的位置，也可以输入新角度值来指明要旋转的方位。

2.【对齐】命令（ALIGN）

ALIGN 命令可以同时移动和旋转一个对象，使之与另一对象对齐，即使某条直线或某一个面（三维图形中的面）与另一点、线、面对齐。在操作过程中，只需要按系统提示，指定对象与目标对象的一点、两点或三点就可以进行对齐，如图 6-4 所示。

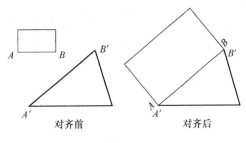

6-3
对齐对象

图 6-4

 小技巧

【对齐】的快捷命令：ALIGN/AL。

工具按钮：▣。

命令：ALIGN

窗交（C）套索 按空格键可循环浏览选项找到 3 个

选择对象：

指定第一个源点：

指定第一个目标点：

指定第二个源点：

指定第二个目标点：

指定第三个源点或＜继续＞：

是否基于对齐点缩放对象？［是（Y）/否（N）］＜否＞：Y

使用 ALIGN 命令时，用户可指定一个端点、两个端点或三个端点来对齐图形。在二维平面绘图中，一般只需要源对象与目标对象按一个或两个端点进行对齐。操作完成后源对象与目标对象的第一点将重合在一起。如果要使它们的第二个端点也重合，就需要利用［基于对齐缩放对象］选项缩放对象。此时，第一目标点是缩放的基点，第一与第二源点间的距离是第一个参考长度，第一和第二目标点间的距离是新的参考长度，新的参考长度与第一个参考长度的比值就是缩放比例因子。

任务二　改变图形的长度

1.【拉伸】命令（STRETCH）

STRETCH 命令可以一次将多个图形沿指定的方向进行拉伸，编辑过程中必须用交叉窗口选择对象，除被选中的对象外，其他图形的大小及相互间的几何关系保持不变，拉伸图形，效果如图 6-5 所示。

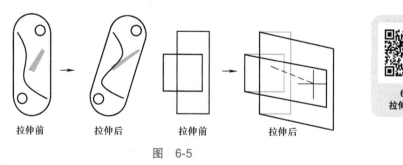

拉伸前　　　　拉伸后　　　　　　拉伸前　　　　　拉伸后

6-4
拉伸对象

图　6-5

 小技巧

【拉伸】的快捷命令：STRETCH/S。

工具按钮：□ 拉伸。

命令：STRETCH

以交叉窗口或交叉多边形选择要拉伸的对象 …

窗交（C）套索　按空格键可循环浏览选项找到 3 个

选择对象：

指定基点或［位移（D）］＜位移＞：

指定第二个点或 < 使用第一个点作为位移 >：

使用 STRETCH 命令时，首先应利用交叉窗口选择对象，然后指定对象的拉伸距离和方向。凡在交叉窗口中的图形顶点都被移动，而与交叉窗口相交的图形元素将被拉伸或缩短。

设定拉伸距离和方向的方式如下：

1）在编辑区内指定两个点，这两点的距离和方向代表了拉伸对象的距离和方向。当系统提示"指定基点"时，指定拉伸的基准点；当系统提示"指定第二个点"时，捕捉第二点或输入第二点相对于基准点的相对直角坐标或极坐标。

2）以"@X，Y"方式输入对象沿 X、Y 轴拉伸的距离，或用"@ 距离 < 角度"方式输入拉伸的距离和方向。当系统提示"指定基点"时，输入拉伸值；当系统提示"指定第二个点"时按 <Enter> 键确认，这样系统就会以输入的拉伸值来拉伸对象。

3）打开【正交】或【极轴追踪】功能，就能方便地将图形对象只沿 X 轴或 Y 轴其中一个方向拉伸。当系统提示"指定基点"时，单击一点并把图形向水平或竖直方向拉伸，然后输入拉伸值。

4）使用【位移（D）】选项。启动该选项后，系统提示"指定位移"。此时，以"X，Y"方式输入沿 X、Y 轴拉伸的距离，或以"@ 距离 < 角度"方式输入拉伸的距离和方向。

2.【拉长】和【打断】命令（LENGTHEN 和 BREAK）

利用 LENGTHEN 命令可以改变线段、圆弧、椭圆弧及样条曲线等图形的长度。使用此命令时，经常采用【动态】选项，可直观地拖动对象来改变长度。

利用 BREAK 命令可以删除对象中的一部分，常用于打断直线、圆、圆弧及椭圆等图形。此命令可以在一个点处打断对象，也可以在指定的两点间打断对象。

打开"项目六 02【拉长】【打断】命令操作 .dwg"图形文件，如图 6-6 所示，使用 LENGTHEN 和 BREAK 命令将左图修改成右图。

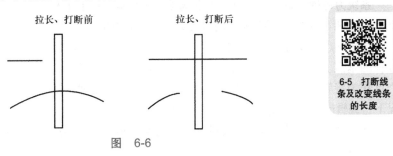

拉长、打断前　　　　拉长、打断后

6-5　打断线条及改变线条的长度

图　6-6

 小技巧

【拉长】的快捷命令：LENGTHEN/LEN。

工具按钮：◢。

命令：LENGTHEN

选择要测量的对象或 [增量（DE）/ 百分比（P）/ 总计（T）/ 动态（DY）] < 总计（T）>：

当前长度：1098.6249

选择要测量的对象或 [增量（DE）/ 百分比（P）/ 总计（T）/ 动态（DY）]＜总计（T）＞:DY

选择要修改的对象或 [放弃（U）]:

【打断】的快捷命令: BREAK/BR。

工具按钮: 。

命令: BREAK

选择对象:

指定第二个打断点 或 [第一点（F）]:F

指定第一个打断点:

指定第二个打断点:

任务三　项目拓展

本任务主要介绍关键点编辑的方式，以及如何改变对象属性和匹配对象特性的问题。

1. 关键点编辑方式

关键点编辑方式是一种集成的编辑模式，该模式包含了 5 种编辑方法，即【拉伸】【移动】【旋转】【比例缩放】和【镜像】。

默认情况下，系统中关键点的编辑方式是开启的。当选择图形后，图形中将出现若干方框，这些方框称为关键点。把十字光标靠近方框并单击，激活关键点编辑状态，此时系统自动进入【拉伸】编辑方式。此外，也可在激活关键点后，单击鼠标右键，弹出右键菜单，如图 6-7 所示，通过此菜单选择任意编辑方法。

6-6　关键点
编辑方式

系统为每种编辑方法提供的参数选项基本相同，其中【基点（B）】和【复制（C）】选项是所有编辑方式共有的。

①【基点（B）】: 通过该选项可以拾取某一个点作为编辑过程的基点。例如，当进入【旋转】编辑模式，并要指定一个点作为旋转中心时，就使用【基点（B）】选项。在默认情况下，编辑的基点是热关键点（选中的关键点）。

②【复制（C）】: 如果在编辑的同时还需复制对象，则选取此选项。

（1）利用关键点镜像对象　打开"项目六 03 关键点编辑方式绘图 .dwg"图形文件，利用关键点编辑方式对文件中的绿色植物图形进行镜像操作，如图 6-8 所示。

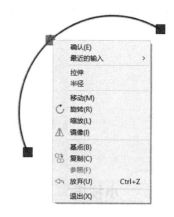

图　6-7

命令:

** 镜像 **

指定第二点或 [基点（B）/ 复制（C）/ 放弃（U）/ 退出（X）]:C

（2）利用关键点拉伸对象　在【拉伸】编辑模式下，当关键点是线段的端点时，可以有效地拉伸或缩短对象；如果关键点是线段的中心、圆或圆弧的圆心、属于块、文字及尺寸数字等实体时，这种编辑方式就只能移动对象。利用关键点拉伸线段，效果如图6-9所示。

图　6-8　　　　　　　　　　　　　　　图　6-9

命令：
** 拉伸 **
指定拉伸点或 [基点（B）/ 复制（C）/ 放弃（U）/ 退出（X）] : C

注意：打开【正交】状态后，可以很方便地利用关键点拉伸方式改变水平线段或竖直线段的长度。

（3）利用关键点移动和复制对象　关键点的【移动】模式可以编辑单一对象或一组对象，在此方式下使用【复制（C）】选项就能在移动图形对象的同时进行复制。打开"项目六 04 利用关键点移动和复制对象"图形文件，利用关键点复制对象，如图6-10所示。

图　6-10

命令：
** 拉伸 **
指定拉伸点或 [基点（B）/ 复制（C）/ 放弃（U）/ 退出（X）] : _copy

（4）利用关键点旋转对象　旋转对象是绕旋转中心进行的，当使用关键点编辑模式时，热关键点就是旋转中心，也可以指定其他点作为旋转中心。这种编辑方法与ROTATE命令相似，它的优点在于一次可将对象旋转且复制到多个方位。

在旋转操作中，【参照（R）】选项有时非常有用，该选项可以在旋转图形时，使其与某个新位置对齐。打开"项目六 05 利用关键点旋转对象"图形文件，利用关键点旋转文件中的图形，如图6-11所示。

图　6-11

命令：
＊＊ 拉伸 ＊＊
指定拉伸点或 [基点（B）/ 复制（C）/ 放弃（U）/ 退出（X）] : _rotate
＊＊ 旋转 ＊＊
指定旋转角度或 [基点（B）/ 复制（C）/ 放弃（U）/ 参照（R）/ 退出（X）] : R
指定参照角 <0> : 30
＊＊ 旋转 ＊＊
指定新角度或 [基点（B）/ 复制（C）/ 放弃（U）/ 参照（R）/ 退出（X）] : 60

（5）利用关键点缩放对象　缩放对象是绕缩放中心进行的，当使用关键点编辑模式时，关键点就是缩放中心，可以指定其他点作为旋转中心。打开"项目六 06 利用关键点缩放对象"图形文件，利用关键点缩放对象，如图 6-12 所示。

图　6-12

命令：
＊＊ 拉伸 ＊＊
指定拉伸点或 [基点（B）/ 复制（C）/ 放弃（U）/ 退出（X）] : _scale
＊＊ 比例缩放 ＊＊
指定比例因子或 [基点（B）/ 复制（C）/ 放弃（U）/ 参照（R）/ 退出（X）] : C
＊＊ 比例缩放（多重）＊＊
指定比例因子或 [基点（B）/ 复制（C）/ 放弃（U）/ 参照（R）/ 退出（X）] : 0.5
＊＊ 比例缩放（多重）＊＊
指定比例因子或 [基点（B）/ 复制（C）/ 放弃（U）/ 参照（R）/ 退出（X）] : 0.3
＊＊ 比例缩放（多重）＊＊
指定比例因子或 [基点（B）/ 复制（C）/ 放弃（U）/ 参照（R）/ 退出（X）] : B

注意：激活关键点编辑模式后，可通过输入下列字母直接进入某种编辑方式：MI ——镜像；MO——移动；RO——旋转；SC——缩放；ST——拉伸。

2.【特性】命令（PROPERTIES）

下面通过修改非连续线段当前线型比例因子的例子来介绍 PROPERTIES 命令的用法。

【步骤解析】

1）打开"项目六 07 当前对象线型比例设置 .dwg"图形文件，如图 6-13a 所示，用 PROPERTIES 命令修改线型比例因子。

2）选择要编辑的非连续线段，如图 6-13a 所示。

3）单击【视图】选项卡中【选项板】中的图标，或输入 PROPERTIES 命令，打开【特性】对话框，如图 6-14 所示。

6-7
用 PROPER-
TIES 命令改
变对象属性

根据所选对象的不同，【特性】对话框中显示的属性项目也不同，但有一些属性项目几乎是所有对象都拥有的，如【颜色】【图层】及【线型】等。当在绘图区中选择单个对象时，【特性】对话框就显示此对象的特性；若选择多个对象，则【特性】对话框显示它们所共有的特性。

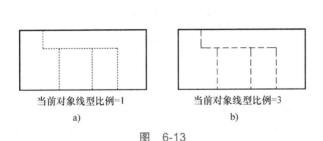

当前对象线型比例=1
a)

当前对象线型比例=3
b)

图 6-13

图 6-14

4）用鼠标光标选取【线型比例】文本框，然后输入当前对象线型比例因子，该比例因子默认为"1"，输入新数值"3"，按 <Enter> 键，图形窗口中的非连续线立即更新，显示修改后的结果如图 6-13b 所示。

 小技巧

【特性】快捷命令：PROPERTIES / PR。

工具按钮：。

3.【特性匹配】命令（MATCHPROP）

使用 MATCHPROP 命令将源对象的属性（如颜色、线型、图层和线型比例等）传递给目标对象。操作时，需要选择两个对象，第一个是源对象，第二个是目标对象。

6-8　对象
特性匹配

【步骤解析】

1）打开素材"项目六 08 对象特性匹配"图形文件，如图 6-15a 所示，用

MATCHPROP 命令进行对象特性匹配。

2）单击【剪贴板】中的图标 ，或输入 MATCHPROP 命令，系统提示如下

命令：MATCHPROP
选择源对象：   // 选择源对象，如图 6-15a 所示
选择目标对象或【设置（S）】   // 选择第一个目标对象
选择目标对象或【设置（S）】：   // 选择第二个目标对象
选择目标对象或【设置（S）】：   // 按 <Enter> 键结束

选择源对象后，鼠标光标变成类似"刷子"的形状，用"刷子"选取接受特性匹配的目标对象，结果如图 6-15b 所示。

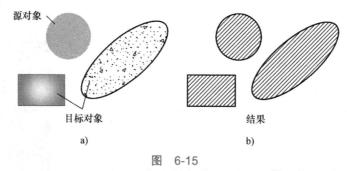

图　6-15

3）如果仅想使目标对象的部分属性与源对象相同，可在选择源对象后，输入【设置（S）】参数选项，打开【特性设置】对话框，如图 6-16 所示。默认情况下，系统选中该对话框中所有源对象的属性进行复制，但用户也可指定其中的部分属性传递给目标对象。

图　6-16

 小技巧

【特性匹配】快捷命令：MATCHPROP/MA。

工具按钮： 。

实训一 绘制简单的家居平面图形

1）打开"项目六 09 办公室平面图编辑示例 .dwg"图形文件，用 CIRCLE、HATCH、COPY、MOVE、MIRROR 等命令绘制办公室平面图，如图 6-17 所示。

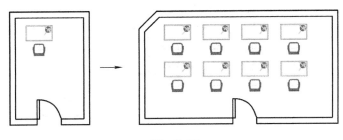

图 6-17

2）打开"项目六 10 餐桌平面图 .dwg"图形文件，用 ARC、LINE、CIRCLE、ARRAY-POLAR 等命令绘制餐桌平面图，如图 6-18 所示。

3）打开"项目六 11 床柜组合平面图 .dwg"图形文件，用 SPLINE、CIRCLE、HATCH、COPY、ROTATE 等命令绘制床柜组合平面图，如图 6-19 所示。

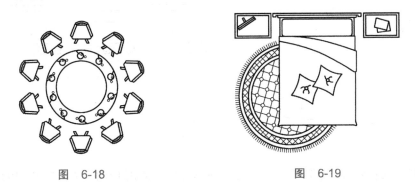

图 6-18   图 6-19

4）打开"项目六 12 立面沙发 .dwg"图形文件，用 ARC、LINE、SPLINE、MIRROR、COPY 等命令绘制立面沙发图，如图 6-20 所示。

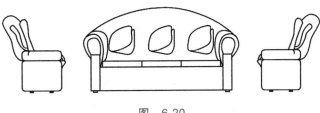

图 6-20

实训二　绘制简单的机械平面图形（二）

1）打开"项目六 13 拉杆平面图 .dwg"图形文件，使用 CIRCLE、ROTATE 等命令绘制拉杆平面图，如图 6-21 所示。

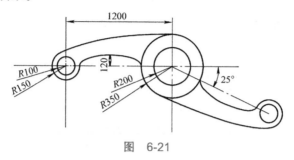

图　6-21

2）打开"项目六 14 旋转操作 .dwg"图形文件，使用 LINE、CIRCLE、ROTATE 等命令绘制机械制图，如图 6-22 所示。

3）打开"项目六 15 活塞缸 .dwg"图形文件，使用 LINE、CIRCLE、RECTANG 等命令绘制活塞缸平面图，如图 6-23 所示。

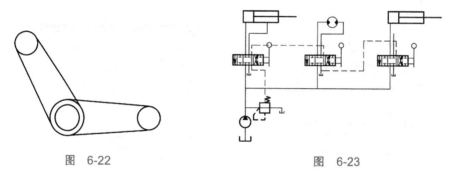

图　6-22　　　　　　　　　　　　　　图　6-23

4）打开"项目六 16 支架平面图 .dwg"图形文件，使用 LINE、CIRCLE、ROTATE 等命令绘制支架平面图，如图 6-24 所示。

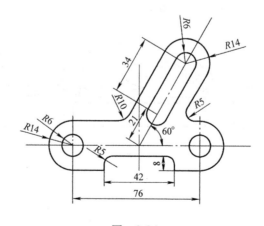

图　6-24

【项目小结】

1）用 ROTATE 命令旋转对象，旋转角度逆时针方向为正，顺时针方向为负。绘制倾斜图形时，用户可先在水平位置画出图形，然后利用【旋转】或【对齐】命令将图形定位到倾斜方向。

2）用 STRETCH 命令可拉伸图形，用 BREAK 命令可对图形进行打断操作。

3）利用关键点编辑对象，该编辑模式提供了 5 种常用的编辑功能，如拉伸、移动缩放及镜像等。因此，用户不必每次在面板上选定命令按钮就可以完成大部分的编辑任务。

4）用 PROPERTIES 命令编辑对象属性，如图层、颜色、线型等。用 MATCHPROP 令使目标对象的属性与源对象的属性匹配。

项目七

绘制圆点、图块等
对象组成的图形

【学习目标】

1）掌握创建多线、圆环及实心多边形的方法。

2）掌握创建定距等分点及定数等分点的方法。

3）掌握创建图块和插入图块的方法。

4）掌握创建图块属性的方法。

5）熟悉块编辑的方法。

任务一　创建圆点、多线等对象

本任务介绍如何使用 LINE、MLINE、DONUT、DIVIDE 等命令绘制"项目七 01 由圆点、图块等对象组成的图形 .dwg"文件中的图形，如图 7-1 所示。该图形由圆点、实心多边形等对象组成。

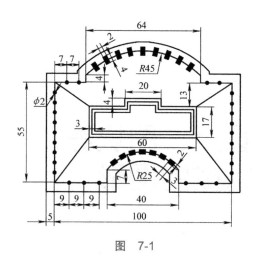

图　7-1

首先画出图形的轮廓线，然后绘制圆点及实心多边形，并将它们均匀分布。具体绘图过程如图 7-2 所示。

图　7-2

1.【多线】命令（MLINE）

MLINE 命令用来创建多线，多线是由多条相互平行的直线构成的对象，如图 7-3 所示。绘制多线时，可以通过选择多线样式来控制其外观。多线样式规定了各平行线的特性，如线型、线间距、颜色等。

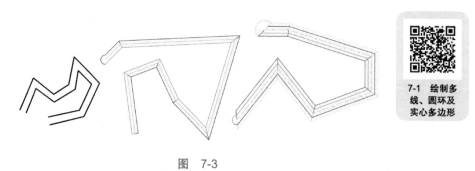

7-1 绘制多线、圆环及实心多边形

图　7-3

命令：MLINE

当前设置：对正＝上，比例＝100.00，样式＝多线样式娄底潇湘职业学院谭桂华

指定起点或 [对正（J）/ 比例（S）/ 样式（ST）] ：ST

输入多线样式名或 [?] ：123

当前设置：对正＝上，比例＝100.00，样式＝123

指定起点或 [对正（J）/ 比例（S）/ 样式（ST）] ：S

输入多线比例 <100.00> ：200

当前设置：对正＝上，比例＝200.00，样式＝123

指定起点或 [对正（J）/ 比例（S）/ 样式（ST）] ：J

输入对正类型 [上（T）/ 无（Z）/ 下（B）] < 上 > ：Z

当前设置：对正＝无，比例＝200.00，样式＝123

指定起点或 [对正（J）/ 比例（S）/ 样式（ST）] ：

指定下一点：

指定下一点或 [放弃（U）] ：

指定下一点或 [闭合（C）/ 放弃（U）] ：

指定下一点或 [闭合（C）/ 放弃（U）] ：

指定下一点或 [闭合（C）/ 放弃（U）] ：C

命令选项介绍如下：

①【对正（J）】：设置多线对正的方式，可从顶端对正、零点对正或底端对正中选择。

②【比例（S）】：设置多线的比例。

③【样式（ST）】：设置多线的绘制样式。通过多线样式命令 MLSTYLE 打开图 7-4 所示【多线样式】对话框，定义多线的样式，可定义的内容包括平行线的数量、线型、间距、颜色等。如果要对多线样式进行修改，可以选中该样式，单击【修改】按钮，在弹出【修改多线样式】对话框中对多线相关属性进行修改，如图 7-5 所示。

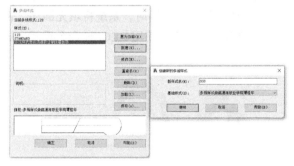

图　7-4

图　7-5

 小技巧

【多线】的快捷命令：MLINE/ML。

【多线样式】的快捷命令：MLSTYLE。

AutoCAD 中一般设置多线样式为两根线或三根线，在建筑绘图中应用得比较多，主要用于绘制墙体，如图 7-6 所示。在【修改多线样式】对话框中可设置多线的封口方式，选择起点和端点为直线、外弧或内弧，并进行角度设置等；还可以对其进行填充颜色设置；对图形中各条线的偏移距离、颜色、线型等方面进行设置；对绘制出来的多线进行是否显示连接设置等。

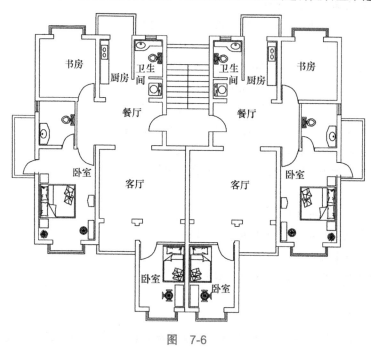

图　7-6

2.【圆环】命令（DONUT）

DONUT 命令可创建填充圆环或实心填充圆，启动该命令后，依次输入圆环内径、外径及圆心坐标，AutoCAD 会自动生成圆环。若要画实心圆，则指定内径为"0"即可。设置不同的内径和外径，绘制出来的圆环也会不同，如图 7-7 所示。

DONUT 命令生成的圆环实际上是具有宽度的多段线，可用 PEDIT 命令编辑该对象。此外，还可以设定是否对圆环进行填充，当把变量 FILLMODE 设置为"1"时，系统将填充圆环，否则将不填充。使用 FILLMODE 命令对填充模式进行修改后，一定要使用 REGEN 命令重新生成一次，圆环才会将效果显示出来，如图 7-8 所示。

图　7-7   图　7-8

命令：DONUT
指定圆环的内径 <10.0000>：20
指定圆环的外径 <30.0000>：40

指定圆环的中心点或 < 退出 > ：
指定圆环的中心点或 < 退出 > ：* 取消 *

命令：PEDIT
选择多段线或 [多条（M）] ：
输入选项 [打开（O）/ 合并（J）/ 宽度（W）/ 编辑顶点（E）/ 拟合（F）/ 样条曲线（S）/ 非曲线化（D）/ 线型生成（L）/ 反转（R）/ 放弃（U）] ：W
指定所有线段的新宽度：4
输入选项 [打开（O）/ 合并（J）/ 宽度（W）/ 编辑顶点（E）/ 拟合（F）/ 样条曲线（S）/ 非曲线化（D）/ 线型生成（L）/ 反转（R）/ 放弃（U）] ：

命令：FILLMODE
输入 FILLMODE 的新值 <1> ：0

命令：REGEN
REGEN 正在重生成模型。

 小技巧

【圆环】的快捷命令：DONUT / DO 。
工具图标：⊙。

3.【实心多边形】命令（SOLID）

SOLID 命令可生成填充多边形，如图 7-9 所示。使用该命令后，AutoCAD 的命令行会提示指定多边形的顶点（3 个或 4 个点），操作结束后，系统自动填充多边形。指定多边形顶点的顺序很重要，如果顺序出现错误，将使多边形呈打结状。

图 7-9

命令：SOLID
指定第一点：
指定第二点：
指定第三点：
指定第四点或 < 退出 > ：
指定第三点：

 小技巧

【实心多边形】的快捷命令：SOLID/SO。

任务二　等分对象

将圆点及实心多边形分别创建成图块，然后在等分点上插入图块，绘图过程如图 7-10 所示。

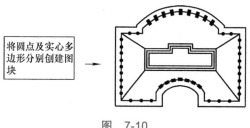

将圆点及实心多边形分别创建图块 →

图　7-10

1.【图块】命令（BLOCK）

用 BLOCK 命令可以将图形的一部分或整个图形创建成图块，然后可以对其命名并定义插入基点。

用 LINE 命令画辅助线 AD、BC、EH、FG，如图 7-11 所示。

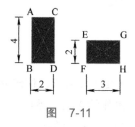

图　7-11

7-2
等分对象

【步骤解析】

1）单击【块】中的 ![创建] 或输入命令 "BLOCK"，打开【块定义】对话框，如图 7-12 所示。

图　7-12

2）在【名称】文本框中输入新建图块的名称"多边形1"。

3）选择构成块的图形对象。单击 选择对象(T)，返回绘图窗口，选择图 7-11 中所示的多边形ABDC。

4）指定块的插入基点。单击 拾取点(K)，返回绘图窗口，捕捉图 7-11 中所示的 AD 和 BC 的交点。

5）单击 确定，生成图块。

6）用相同的方法将另一实心多边形和圆点创建成图块，图块名称分别为"多边形2"和"圆点"，插入点分别为 EH 和 FG 的交点和圆心。

 小技巧

> 块定义的快捷命令：BLOCK / B。
>
> 工具按钮： 创建。

在定制符号块时，一般将块图形画在边长为 1mm 的正方形中，这样就便于在插入块时确定图块沿 X 轴、Y 轴方向的缩放比例因子。

【块定义】对话框中常用选项的功能如下。

①【名称】：在此文本框中输入新建图块的名称，最多可以使用 255 个字符。单击文本框右边的 ，打开下拉列表，该列表中显示了当前图形中的所有图块。

② 【拾取点】：单击此图标，切换到绘图窗口，用户可以直接在图形中拾取某点作为块的插入基点。

③【X】【Y】【Z】文本框：在这 3 个文本框中分别输入插入基点的 X、Y 和 Z 坐标值。

④ 【选择对象】：单击此图标，切换到绘图窗口，用户在绘图区中选择构成图块的图形。

⑤【保留】：选择此单选项，则 AutoCAD 生成图块后，还保留构成块的源对象。

⑥【转换为块】：选择此单选项，则 AutoCAD生成图块后，把构成块的源对象也转化为块。

2. 定数等分点及定距等分点

DIVIDE 命令根据等分数目在图形中放置等分点，这些点并不分割图形，只是标明等分的位置。AutoCAD 中可等分的图形包括线段、圆、圆弧、样条线、多段线等。分别选择图 7-13 所示的 A、B、C 三条线段，对线、圆弧依次进行定数等分，插入不同的块。

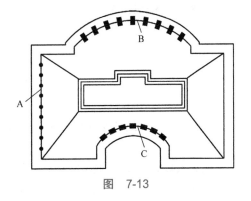

图 7-13

> 命令：DIVIDE
> 选择要定数等分的对象：
> 输入线段数目或 [块（B）]：B

> 输入要插入的块名：多边形 1
> 是否对齐块和对象？[是（Y）/ 否（N）] <Y>：
> 输入线段数目：10

　　MEASURE 命令在图形中按指定的距离放置点对象（POINT 对象），对于不同类型的图形，距离测量的起始点是不同的。当操作对象为直线、圆弧或多段线时，起始点位于距选择点最近的端点；如果是圆，则一般从 0° 开始进行测量。分别选择图 7-14 所示的 D、E 两条线段，对线进行定距等分，插入不同的块。

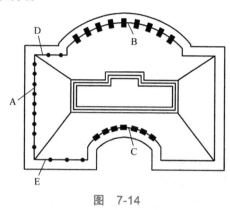

图　7-14

> 命令：MEASURE
> 选择要定距等分的对象：
> 指定线段长度或 [块（B）]：B
> 输入要插入的块名：圆点
> 是否对齐块和对象？[是（Y）/ 否（N）] <Y>：Y
> 指定线段长度：9

任务三　项目拓展

　　本任务主要介绍图块的相关内容，包括创建、编辑等操作。

1. 创建图块属性

　　在 AutoCAD 中的一些文字信息，如材料、型号及制造者等。存储在属性中的文字信息一般称为属性值。当用 BLOCK 命令创建块时，将已定义的属性与图形一起生成块，这样块中就包含了属性。当然，也可以只将属性本身创建成块。

　　属性有助于快速产生关于设计项目的信息报表，或者作为一些符号块的可变文字对象。其次，属性也常用来预定义文本位置和内容，或提供文本默认值等。例如：把标题栏中的一些文字项定制成属性对象，就能方便地进行填写或修改。

　　在命令行输入 ATTDEF 命令，将会打开【属性定义】对话框，如图 7-15

7-3
创建属性块

所示。打开"项目七 02块属性定义操作.dwg"图形文件，对电话机进行多个相关性属性的定义，并预设相应的值，如图7-16所示。

图 7-15

姓名及号码
你的工作单位
你喜欢你的学校吗

图 7-16

 小技巧

块属性定义的快捷命令：ATTDEF /ATT。

工具按钮： 。

【属性定义】对话框中常用选项的功能介绍如下：

①【不可见】：控制属性值在图形中的可见性。如果想使图中包含属性信息，但又不想使其在图形中显示出来，就选中此选项。有一些文字信息（如零部件的成本、产地和存放仓库等）通常不必在图样中显示出来，因此可将其设定为不可见属性。

②【固定】：选中该选项，属性值将为常量。

③【验证】：设置是否对属性值进行校验。若选择此选项，则插入块并输入属性值后，系统将再次给出提示，让用户检验输入值是否正确。

④【预设】：该选项用于设定是否将实际属性值设置成默认值。若选中此选项，则插入块时，系统将不再提示用户输入新属性值，实际属性值等于【默认】框中的默认值。

⑤【对正】：该下拉列表包含了10多种属性文字的对齐方式，如对齐、布满、中间、左上、右下等。这些选项的功能与DTEXT命令对应选项的功能相同。

⑥【文字样式】：从该下拉列表中选择文字样式。

⑦【文字高度】：用户可直接在文本框中输入属性文字高度，也可单击【文字高度】按钮切换到绘图窗口，在绘图区域中拾取两点以指定高度。

⑧【旋转】：用户可直接在文本框中输入属性文字的旋转角度，也可单击【旋转】按钮切换到绘图窗口，在绘图区域中拾取两点以指定旋转角度。

2. 插入带属性的图块

如果要插入带属性的图块，必须设置块定义，如图7-17所示。

用户可以使用INSERT命令在当前图形中插入块或图形，无论块或被插入的图形多复杂，系统都将它们看作一个单独的对象。如果用户需编辑其中的单个图形对象，就必须用EX-PLODE命令分解图块或文件块。

　　可以将图形文件中的图块插入图形中，也可将另一图形文件插入图形中。在 AutoCAD 中没有插入图块的对话框，但在执行 INSERT 命令后会弹出块面板，效果如图 7-18 所示，用户可以选择插入的图块，再根据插入块的要求，分别设置插入点、沿 X、Y、Z 轴向的比例和旋转的角度。

图　7-17

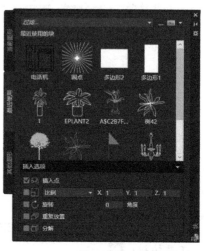

图　7-18

命令：INSERT 输入块名或 [?]：电话机
单位：毫米　转换：　1.0000
指定插入点或 [基点（B）/ 比例（S）/X/Y/Z/ 旋转（R）]：_SCALE 指定 XYZ 轴的比例因子 <1>：1 指定插入点或 [基点（B）/ 比例（S）/X/Y/Z/ 旋转（R）]：_ROTATE
指定旋转角度 <0>：0
指定插入点或 [基点（B）/ 比例（S）/X/Y/Z/ 旋转（R）]：

　　【插入】面板中常用选项的功能介绍如下：
　　①【插入选项】：该下拉列表罗列了图样中的所有图块，可以通过这个列表选择要插入的块。
　　②【插入点】：确定图块的插入点。可直接在【X】【Y】及【Z】文本框中输入插入点的绝对坐标值，或是选中【在屏幕上指定】复选项，然后在屏幕上指定。
　　③【比例】：确定块的缩放比例。可直接在【X】【Y】及【Z】文本框中输入沿这 3 个方向的缩放比例因子。块的缩放比例因子可为正值或负值，若为负值，则插入的块将做镜像变换。
　　④【旋转】：指定插入块时的旋转角度。可在【角度】文本框中直接输入旋转角度值。
　　⑤【分解】：若用户选择该选项，则系统在插入块的同时将分解块对象。

 小技巧

　　插入图块的快捷命令：INSERT/I。

　　工具按钮：。

注意：当把一个图形文件插入当前图形中时，被插入图样的图层、线型、图块及字体样式等也将加入当前图形中。如果两者中有重名的对象，那么当前图样中的定义优先于被插入的图样。为了在使用中比较容易地确定块的缩放比例值，一般将符号块画在边长为1mm的正方形中。

3. 插入外部图形文件

在 AutoCAD 中，可插入其他文件中所创建的块，如果需要插入一个完整图形文件，单击【其他图形】→【浏览】，在弹出的对话框中选择需要的图形文件即可，如图 7-19 所示。

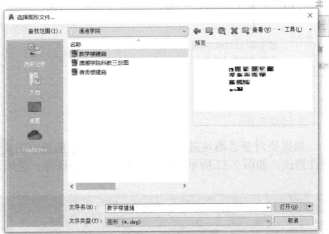

图 7-19

4. 带属性图块编辑

7-4 插入属性块并编辑

在绘图过程中，可插入带属性的块，当执行插入块操作时，会弹出【编辑属性】对话框，可以对其相应的预设值进行修改，如图 7-20 所示。

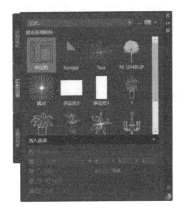

谭桂华 15573807388
娄底潇湘职业学院
喜欢

图 7-20

如果想对已插入图块的相应属性值进行修改，还可以双击该属性值，弹出【增强属性编辑器】对话框，在相应的选项中进行修改，如图 7-21 所示。

谭桂华 15573807388
娄底潇湘职业学院

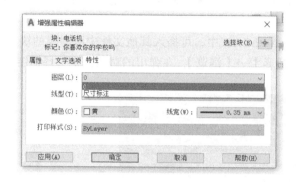

图　7-21

5. 图块编辑

如果要对普通图块进行编辑，单击【块】面板中的 ![编辑]，马上可以对相应的图块进行特性修改，如图 7-22 所示。修改完成后，进行保存，关闭对话框。

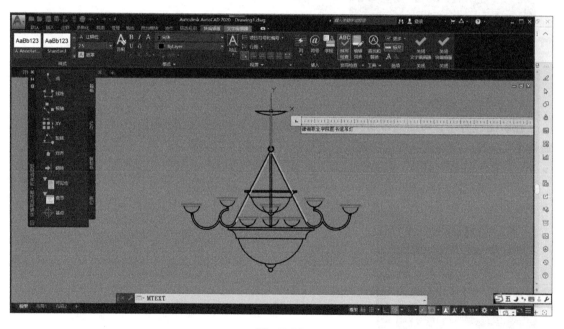

图　7-22

实训一　绘制简单的建筑平面图形

1）打开"项目七 03 图块的应用——公路 .dwg"图形文件，使用 LINE、SPLINE、CIR-CLE、MEASURE 等命令绘制公路平面图，如图 7-23 所示。

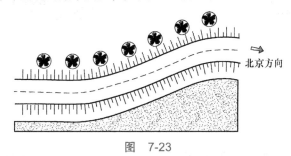

北京方向

图　7-23

2）打开"项目七 04 绘制房屋正立面图 .dwg"图形文件，使用 LINE、BLOCK、TRIM 等命令绘制房屋正立面图，如图 7-24 所示。

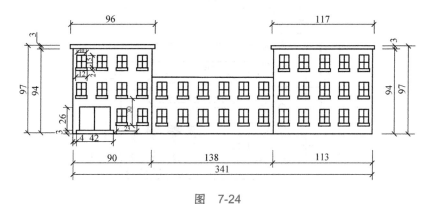

图　7-24

3）打开"项目七 05 建筑装饰立面图 .dwg"图形文件，使用 LINE、SPLINE、MIRROR 等命令绘制建筑装饰立面图，如图 7-25 所示。

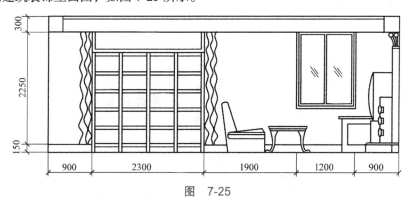

图　7-25

4）下面练习的内容包括创建块和插入块的操作。

① 打开"项目七 06-1 办公桌椅 .dwg"，如图 7-26 所示，将其创建为图块并命名为"Block"。

② 在当前文件中引用外部文件"项目七 06-2 办公室平面图 .dwg"，然后插入"Block"块，

结果如图 7-27 所示。

图　7-26

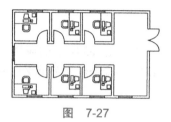

图　7-27

实训二　绘制简单的机械平面图形（三）

1）打开"项目七 07 机械平面图 .dwg"图形文件，使用 PLINE、DONUT、SOLID、ARRAY 绘制平面图，如图 7-28 所示。

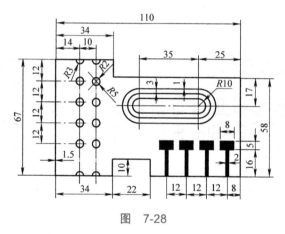

图　7-28

2）打开"项目七 08 机械平面图 .dwg"图形文件，使用 LINE、CIRCLE、ROTATE、ARRAY 等命令绘制平面图，如图 7-29 所示。

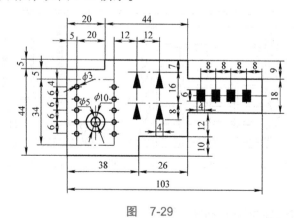

图　7-29

3）下面练习的内容包括引用外部图形；修改及保存图形；重新加载图形。

①打开"项目七 09-1 机械平面图 .dwg"和"项目七 09-2 机械平面图 .dwg"图形文件。

②激活"项目七 09-1 机械平面图 .dwg"图形文件，用 INSERT 命令插入"项目七 09-2 机械平面图 .dwg"图形文件，再用 MOVE 命令移动图形，使两个图形装配在一起，结果如图 7-30 所示。

③激活"项目七 09-2 机械平面图 .dwg"图形文件，如图 7-31a 所示。用 STRETCH 命令调整上、下轮廓的位置，使两孔间距离增加 40mm，结果如图 7-31b 所示。

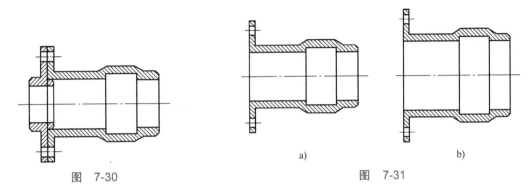

图　7-30　　　　　　　　　　　　　　　　　图　7-31

④保存"项目七 09-2 机械平面图 .dwg"文件。

⑤激活"项目七 09-1 机械平面图 .dwg"文件，用 INSERT 命令重新加载"项目七 09-2 机械平面图 .dwg"文件，结果如图 7-32 所示。

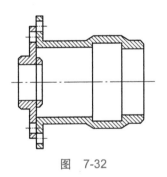

图　7-32

【项目小结】

1）用 MLINE 命令创建连续的多线，生成的对象都是单独的图形，但可用 EXPLODE 命令将其分解。

2）用 DONUT 命令创建填充圆环。

3）用 BLOCK 命令创建图块。块是将一组实体放置在一起形成的单一对象，把重复出现的图形创建成块可使设计人员提高工作效率。

4）用 ATTDEF 命令创建图块属性。图块属性是附加到图块中的文字信息，在定义属性时，用户需要输入属性标签、提示信息及属性的默认值。属性定义完成后，将它与有相关图形放置在一起创建成图块，这样就创建了带有属性的块。

项目八
书写文字

【学习目标】

1）掌握新建文字样式的方法。

2）掌握书写单行文字与多行文字的方法。

3）掌握在文字中添加特殊字符的方法。

4）熟悉多行文字的对齐方式。

5）了解编辑文字的方法。

6）了解创建表格对象的方法。

任务一　创建文字样式及单行文字

本任务介绍如何用 STYLE、DTEXT、MTEXT 等命令为图 8-1 所示的"项目八　01.dwg"图形文件中的图形添加文字。

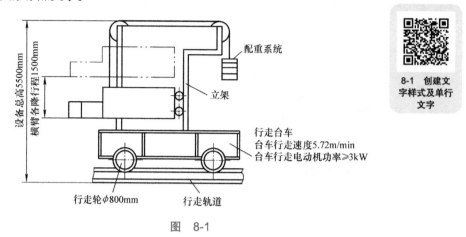

8-1　创建文字样式及单行文字

图　8-1

首先创建文字样式，然后书写单行文字并在单行文字中添加特殊字符，具体绘图过程如图8-2 所示。

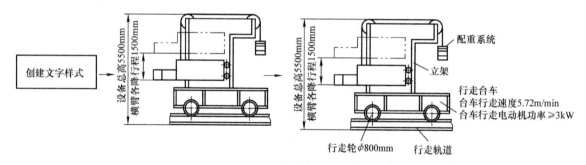

图　8-2

1. 创建文字样式

文字样式主要控制与文本连接的字体或字符的宽度、倾斜角度及高度等项目。另外，用户还可通过它设计出反向的、颠倒的以及竖直方向的文本。用户可以针对不同风格的文字创建对应的文字样式，这样在输入文本时就可以用相应的文字样式来控制文本的外观，如建立专门用于控制尺寸标注文字和技术说明文字外观的文本样式。【文字样式】对话框如图 8-3 所示。

【文字样式】对话框中常用选项的功能如下：

①【新建】：单击此按钮，弹出【新

图　8-3

建文字样式】对话框，就可以创建新文字样式，如图8-4所示。

②【删除】：在【样式】列表框中选择一个文字样式，再单击此按钮，将删除选中的文字样式。当前样式以及正在使用的文字样式不能被删除。

图 8-4

③【字体】：在此下拉列表中列出了所有字体的清单。带有双"T"标志的字体是Windows系统提供的"TrueType"字体，其他字体是AutoCAD自带的字体（*.shx），其中"gbenor.shx"和gbeitc.shx"（斜体英文）字体是符合国家标准的工程字体。

④【大字体】：大字体是指专为亚洲国家设计的文字字体。其中，"gbcbig.shx"字体是符合国家标准的工程汉字字体，该字体文件还包含一些常用的特殊符号。由于"gbcbig.shx"中不包含英文字体定义，因而使用时可将其与"gbenor.shx"和gbeitc.shx"字体配合使用。

⑤【高度】：输入字体的高度。如果用户在该文本框中指定了文字高度，则当使用DTEXT（单行文字）命令时，AutoCAD命令行将不提示"指定高度"。

⑥【颠倒】：选择此复选项，文字将上下颠倒显示，该选项影响单行文字，如图8-5所示。

AUTOCAD2020
娄底潇湘职业学院
关闭【颠倒】复选项

打开【颠倒】复选项

图 8-5

⑦【反向】：选择此复选项，文字将首尾反向显示，该选项仅影响单行文字，如图8-6所示。

2020年10月
欢迎来到娄底潇湘职业学院
关闭【反向】复选项

打开【反向】复选项

图 8-6

⑧【垂直】：选择此复选项，文字将沿竖直方向排列，如图8-7所示。

AUTOCAD

A
U
T
O
C
A
D

关闭【垂直】复选项　　　打开【垂直】复选项

图 8-7

⑨【宽度因子】：默认的宽度因子为"1.0"。若输入小于"1.0"的数值，则文字将变窄；反之，文字将变宽，如图8-8所示。

AUTOCAD2020　　　　AUTOCAD2020

宽度因子为1.0　　　　　　宽度因子为0.7

图　8-8

⑩【倾斜角度】：该项指定文字的倾斜角度。角度值为正时向右倾斜，为负时向左倾斜，如图 8-9 所示。

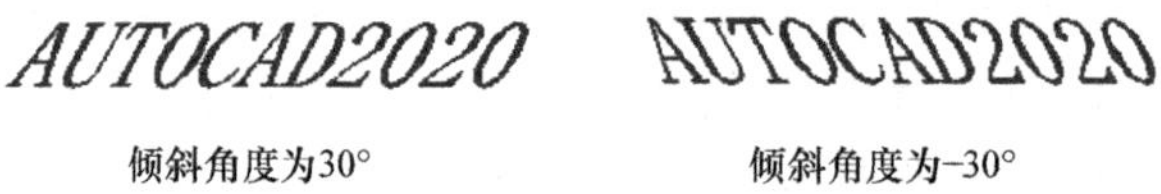

AUTOCAD2020　　　*AUTOCAD2020*

倾斜角度为30°　　　　　　倾斜角度为-30°

图　8-9

 小技巧

文字样式的快捷命令：STYLE/ST。
工具按钮：[A⁄ 工程文字　　　　　　]。

2. 书写单行文字

用【单行文字】命令（DTEXT）可以非常灵活地创建文字项目。发出此命令后，用户不仅可以设定文本的对齐方式及文字的倾斜角度，而且还能用十字光标在不同的地方选取点，以定位文本的位置，该特性使用户只发出一次命令就能在图形的任何区域放置文本。另外，DTEXT 命令还提供了编辑区预览的功能，即在输入文字的同时该文字也将在编辑区中显示出来，这样用户就能很容易地发现输入文本的错误，以便及时修改。

 小技巧

【单行文字】的快捷命令：DTEXT/ DT。
工具按钮：[A 单行文字]。
命令：DTEXT
当前文字样式："1"文字高度：2.5000 注释性：否 对正：左
指定文字的起点 或 [对正（J）/样式（S）]：
指定高度 <2.5000> : 5
指定文字的旋转角度 <0> : 30

单行文字命令选项介绍如下：
①【对正（J）】：设定文字的对齐方式。
②【样式（S）】：指定当前文字样式。

注意： 用 DTEXT 命令可连续输入多行文字，每行按 <Enter> 键结束，但用户不能控制各行的间距。DTEXT 命令的优点是文字对象的每一行都是一个单独的实体，因而对每行进行重新定位或编辑都很容易。如果发现图形中的文本没有正确地显示出来，多数情况是由于文字样式所连接的字体不合适造成的。

3. 在单行文字中加入特殊字符

工程图中用到的许多符号都不能通过键盘直接输入，如文字的下划线、直径符号等。当用户利用 TEXT 命令创建文字注释时，必须输入特殊的代码来产生特定的字符，这些代码及对应的特殊符号见表 8-1。

表 8-1　特殊字符的代码

代码	字符
%%o	文字的上划线
%%u	文字的下划线
%%d	角度符号
%%p	表示"±"
%%c	直径符号

使用表中代码生成特殊字符的样例，如图 8-10 所示。

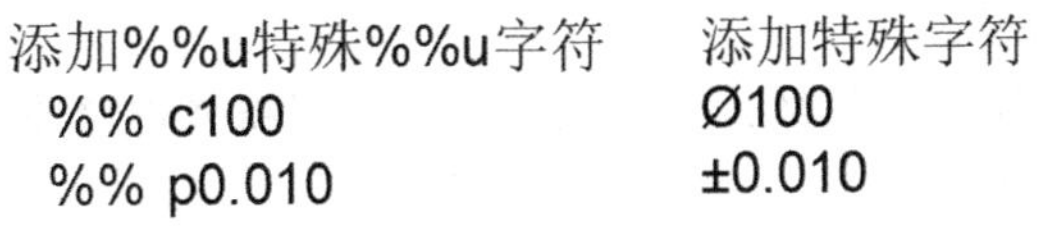

添加%%u特殊%%u字符　　添加特殊字符
%% c100　　　　　　　Ø100
%% p0.010　　　　　　±0.010

图　8-10

任务二　添加多行文字及特殊字符

输入多行文字，然后在多行文字中添加特殊字符，绘图过程如图 8-11 所示。

8-2　添加多行文字及特殊字符

行走台车
台车行走速度5.72m/min
台车行走电动机功率3kW

→

行走台车
台车行走速度5.72m/min
台车行走电动机功率≥3kW

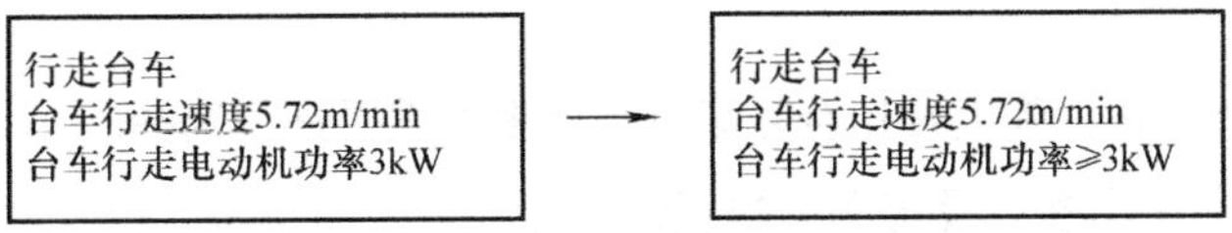

图　8-11

MTEXT 命令可以创建复杂的文字说明，用 MTEXT 命令生成的文字段落称为多行文字，它可以由任意数目的文字行组成，所有的文字构成一个单独的实体。使用 MTEXT 命令时，用户可以指定文本分布的宽度，但文字沿竖直方向可无限延伸。另外，用户还能设置多行文字中单个字符或某一部分文字的属性（包括文本的字体、倾斜角度和高度等）。

启动 MTEXT 命令并建立文本边框后，系统弹出【文字编辑器】选项卡及顶部带有标尺的文字输入框，这两部分组成了多行文字编辑器，如图 8-12 所示。利用此编辑器可方便地创建文字，并设置文字样式、对齐方式、字体及字高等属性。

图　8-12

多行文字编辑器中主要选项的功能如下：

1.【文字编辑器】选项卡

1）【样式】面板：设置多行文字的文字样式。若将一个新样式与现有多行文字相连，将不会影响文字的某些特殊格式，如粗体、斜体和堆叠等。

2）【字体】下拉列表：从这个列表中选择需要的字体。多行文字对象中可以包含不同字体的字符。

3）【字体高度】下拉列表：用户从这个下拉列表中选择或输入文字高度。多行文字对象中可以包含不同高度的字符。

4）**B**：如果所用字体支持粗体，就可以通过此按钮将文本修改为粗体形式，单击该按钮可切换打开状态与关闭状态。

5）**I**：如果所用字体支持斜体，就可以通过此按钮将文本修改为斜体形式，单击该按钮可切换打开状态与关闭状态。

6）**U**：可利用此按钮将文字修改为下划线形式。

7）【文字颜色】下拉列表：为输入的文字设定颜色或修改已选定文字的颜色。

8）**标尺**：打开或关闭文字输入框上部的标尺。

9）**对齐**：设定文字的对齐方式，这 5 个按钮的功能分别为左对齐、居中、右对齐、对正和分散对齐。

10）**行距**：设定段落文字行间距。

11）**项目符号和编号**：给段落文字添加数字编号、项目符号或大写字母形式的编号。

12）**Ō**：给选定的文字添加上划线。

13）**@符号**：单击此按钮，弹出常用符号菜单，可根据需要进行选择。

14）【倾斜角度】文本框：设定文字的倾斜角度。

15）【追踪】文本框：控制字符间的距离。若输入大于"1.0"的值，将增大字符间距；否则，将缩小字符间距。

16）【宽度因子】文本框：设定文字的宽度因子。若输入小于"1.0"的数值，文本将变窄；若输入大于"1.0"的数值，文本将变宽。

17）**A对正**：设置多行文字的对正方式。

2. 文字输入框

1）标尺：设置首行文字及段落文字的缩进，还可设置制表位，操作方法如下：

① 拖动标尺上第一行的缩进滑块可改变所选段落第一行的缩进位置。

② 拖动标尺上第二行的缩进滑块可改变所选段落其余行的缩进位置。

③ 标尺上显示了默认的制表位，如图 8-12 所示。如果要设置新的制表位，可单击标尺；如果要删除创建的制表位，可选择制表位按住鼠标左键，将其拖出标尺。

2）快捷菜单：在本输入框中单击鼠标右键，弹出右键菜单，该菜单中包含了一些标准编辑命令和多行文字特有的命令，如图 8-13 所示（只显示了部分命令）。

右键菜单中的【符号】命令包含以下常用子命令：

①【度数】：在鼠标光标定位处插入特殊字符 "%%d" 图形文件，它表示度数符号 "°"。

②【正/负】：在鼠标光标定位处插入特殊字符 "%%p" 图形文件，它表示 "±"

③【直径】：在鼠标光标定位处插入特殊字符 "%%c" 图形文件，它表示直径符号 "ϕ"。

④【几乎相等】：在鼠标光标定位处插入符号 "≈"。

⑤【下标 2】：在鼠标光标定位处插入下角标 "2"。

⑥【平方】：在鼠标光标定位处插入上角标 "2"。

⑦【立方】：在鼠标光标定位处插入上角标 "3"。

⑧【其他】：选择该命令，系统打开【字符映射表】对话框。在此对话框的【字体】下拉列表中选取字体，则对话框显示所选字体包含的各种字符，如图 8-14 所示。若要插入一个字符，需要先选择它并单击 选择(S) 按钮。此时，选取的字符将出现在【复制字符】文本框中，按这种方法选取所有要插入的字符，然后单击 复制(C) 按钮，关闭【字符映射表】对话框。返回多行文字编辑器，在要插入字符的地方单击鼠标左键，再单击鼠标右键，弹出右键菜单，从右键菜单中选择【粘贴】命令，这样就将字符插入多行文字中了。

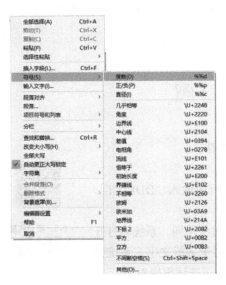

图　8-13

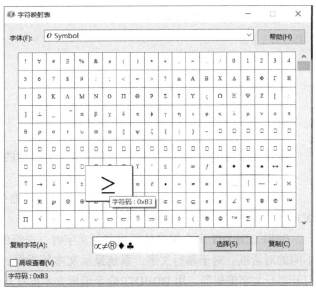

图　8-14

⑨【段落对齐】：设置多行文字的对齐方式。

⑩【段落】：设定制表位和缩进，控制段落对齐方式、段落间距和行间距。

⑪【项目符号和列表】：给段落文字添加编号和项目符号。

⑫【背景】：为文字设置背景。

⑬【堆叠】：利用此命令使可堆叠的文字堆叠起来，如图 8-15 所示，这对创建分数及公差形式的文字很有用。AutoCAD 通过特殊字符"/""^"及"#"表明多行文字是可堆叠的。输入堆叠文字的方式为左边文字＋特殊字符＋右边文字，堆叠后，左边文字被放在右边文字的上面。

3/8
100+0.03^-0.09
15#19

输入可堆叠字的文字

$\frac{3}{8}$
$100^{+0.03}_{-0.09}$
$15/19$

堆叠结果

图　8-15

注意：通过堆叠文字的方法也可创建文字的上角标或下角标，输入方式为"上标^""^下标"。例如，输入"83^"，选择【堆叠】命令，结果为"8^3"。

 小技巧

【多行文字】的快捷命令：MTEXT / T。

工具按钮： A 多行文字 。

命令：MTEXT

当前文字样式："Standard" 文字高度：2.5 注释性：否

指定第一角点：

指定对角点或 [高度（H）/ 对正（J）/ 行距（L）/ 旋转（R）/ 样式（S）/ 宽度（W）/ 栏（C）]：

任务三　项目拓展

本任务拓展主要介绍文字编辑的方法及表格创建的方法。

1. 编辑文字

编辑文字的常用方法为双击该文字对象，或在命令行中输入"DDEDIT"。DDEDIT 命令的快捷命令是 ED。

使用 DDEDIT 命令编辑单行或多行文字时，选择的对象不同，系统将打开不同的对话框。对于单行文字，系统显示文本编辑框；对于多行文字，系统则打开多行文字编辑器。用 DDEDIT 命令编辑文本的优点是可连续编辑对象。

8-3　项目拓展（编辑文字和创建表格对象）

打开"项目八 02.dwg"图形文件，对已有的文字素材添加文字"欢迎你，来到娄底潇湘职业学院！"，效果如图 8-16 所示。

图 8-16

2. 创建表格对象

在 AutoCAD 中，用户可以生成表格对象。创建该对象时，系统首先生成一个空白表格，用户可在该表格中填入文字信息；而且可以很方便地修改表格的宽度、高度及表中文字；还可以按行、列的方式删除表格单元或合并表中相邻的单元。

表格对象的外观由表格样式控制，默认情况下，表格样式是"Standard"图形文件，但用户可以根据需要创建新的表格样式。"Standard"表格的外观如图 8-17 所示，第一行是标题行，第二行是表头行，其他行是数据行。

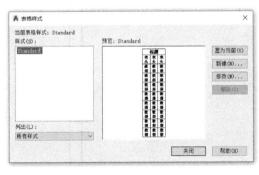

图 8-17

在表格样式中，用户可以设定表格单元中文字的文字样式、字高、对齐方式及表格单元的填充颜色，还可以设定单元边框的线宽和颜色，以及控制是否将边框显示出来。

【步骤解析】

1）创建新文字样式，命名为"工程文字"，与其相关联的字体文件是"gbeitic.shx"和"gbcbig.shx"。

2）打开【表格样式】对话框，如图 8-18 所示。利用对话框中的选项新建并修改表格样式。

3）单击 新建(N)... ，弹出【创建新的表格样式】对话框。在【基础样式】下拉列表中选择新样式的原始样式【Standard】，该原始样式为新样式提供默认设置。在【新样式名】文本框中输入"潇湘表格样式 1"，如图 8-19 所示。

图 8-18   图 8-19

4）单击 继续 ，打开【新建表格样式】对话框，如图 8-20 所示。在【单元样式】下拉列表中分别选取【数据】【标题】【表头】选项。在【文字】选项卡中指定文字样式为【工程文字】，【字高】为【3.5】，在【常规】选项卡中指定文字【对齐】方式为【正中】。

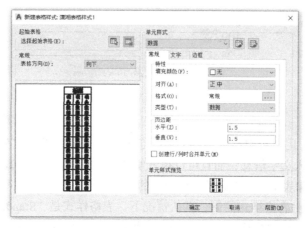

图　8-20

5）单击 确定 ，返回【表格样式】对话框。单击 置为当前(U) ，使新的表格样式成为当前样式。

 小技巧

【表格】的快捷命令：TABLE。

工具按钮： 表格 。

实训一　绘制图框表格

1）打开"项目八 03 A4 横向图框 .dwg"图形文件，根据图 8-21 中的尺寸要求，绘制 A4 横向图框，并输入相关文字。

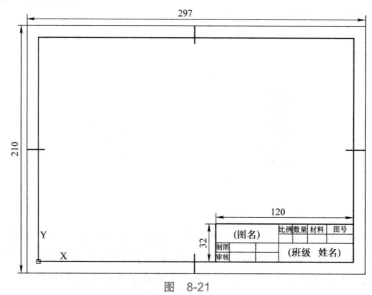

图　8-21

2）打开"项目八 04 A4 竖向图框 .dwg"图形文件，根据图 8-22 中的尺寸要求，绘制 A4 竖向图框，并输入相关文字。

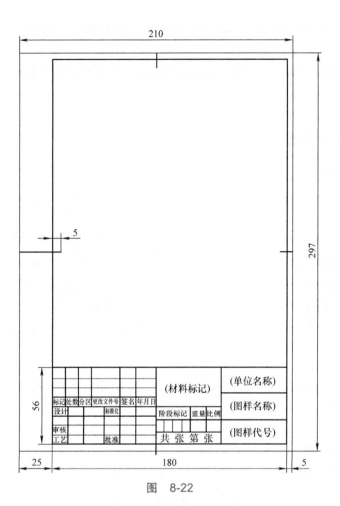

图 8-22

3）打开"项目八 05 明细栏 .dwg"图形文件，绘制明细栏，并输入相关文字，效果如图 8-23 所示。

5		从动轴	1	5	
4		泵体	1	BT200	
3		垫圈	1	工业用纸	
2	GB/119.1	销B4×24	2	35	
1		泵盖	1	HT150	
序号	代号	零件名称	数量	材料	备注
设计			零件名称		图号
制图					
描图			比例	数量	共 张 第 张
审核			材料		

图 8-23

实训二　文字书写

1）打开"项目八 06 文字录入 .dwg"图形文件，使用 MTEXT 命令录入多行文字，效果如图 8-24 所示。

2）打开"项目八 07 液压线路图 .dwg"图形文件，在图形文件中输入相关文字，效果如图 8-25 所示。

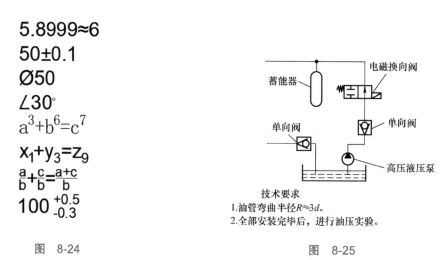

图　8-24

图　8-25

3）打开"项目八 08 机械零件图 .dwg"图形文件，在图中添加单行及多行文字，如图 8-26 所示。

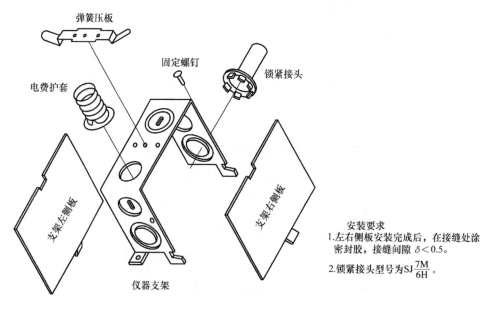

图　8-26

【项目小结】

1）创建文字样式。文字样式决定了 AutoCAD 图形中文本的外观。默认情况下，当前文字样式是【Standard】，但用户可以创建新的文字样式。文字样式是文本设置的集合，它决定了文本的字体、高度、宽度及倾斜角度等特性，通过修改某些参数，就能快速地改变文本的外观。

2）用 DTEXT 命令创建单行文字，用 MTEXT 命令创建多行文字。DTEXT 命令的最大优点是能一次在图形的多个位置放置文本而无须退出命令。而 MTEXT 命令则提供了许多文字处理功能，如建立下划线文字、在段落文本内部使用不同的字体及创建层叠文字等。

3）介绍了对文字进行编辑和修改的方法，以及创建表格的方法。

项目九
标注尺寸

【学习目标】

1）掌握创建标注样式的方法。

2）掌握创建线性尺寸标注、对齐尺寸标注、连续型尺寸标注、基线型尺寸标注及角度标注的方法。

3）掌握利用直径及半径尺寸的方法。

4）熟悉如何标注尺寸公差。

5）了解修改尺寸标注文字、调整标注位置及更新标注的方法。

6）掌握引线标注的方法及相关设置。

7）掌握建筑标注中标高标注的方法和技巧。

任务一　创建标注样式

本任务介绍如何使用 DIMLINEAR、DIMANGULAR、DIMRADIUS、DIMDIAMETER 等命令，标注"项目九 01.dwg"图形文件，如图 9-1 所示。首先创建标注样式，然后依次标注长度型、角度型、直径型及半径型尺寸等。

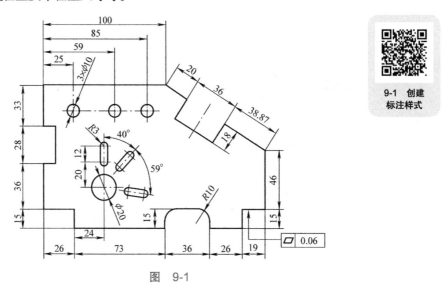

9-1　创建
标注样式

图　9-1

在对"项目九 01.dwg"图形文件进行标注时，首先进行线型、对齐、基线标注；然后再进行角度、半径、直径标注；最后进行引线和几何公差标注，具体标注过程如图 9-2 所示。

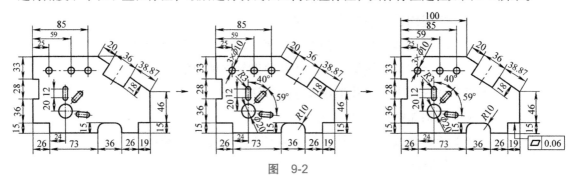

图　9-2

1. 尺寸标注组成

尺寸标注是一个复合体，它以块的形式存储在图形中，其组成部分包括尺寸线、尺寸线两端起、止符号（箭头、斜线等）、尺寸界线、标注文字等，如图 9-3 所示。所有这些组成部分的格式都由尺寸样式来控制。

1）尺寸线。尺寸线一般由一条两端带箭头的直线段组成，有时也由两条带单箭头的直线段组成，当进行角

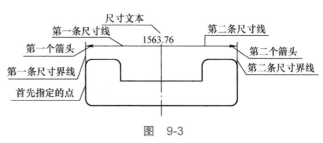

图　9-3

度标注时，也可以是一条两端带箭头的弧线或两条每端带单箭头的弧线。

2）尺寸界线。尺寸界线是用来确定尺寸的测量范围的。一般情况下，为了使标注更加清晰，通常用尺寸界线把尺寸移到被标注实体之外，有时也可以利用实体的轮廓线或中心线来代替。

3）尺寸箭头。尺寸箭头用来确定尺寸的起、止。可以根据具体需要创建自定义箭头。

4）尺寸文本。尺寸文本用来确定实体尺寸的大小。可以使用 AutoCAD 自动测量的值，也可以使用给定的尺寸和文字说明。

2. 尺寸的关联性

一般情况下，AutoCAD 将尺寸作为一个图块，即尺寸线、尺寸界线、尺寸箭头和尺寸文本，不是单独的实体，而是构成图块一部分。如果对该尺寸标注进行拉伸，那么拉伸后尺寸标注的尺寸文本将自动发生相应的变化，这种尺寸标注称为关联性尺寸。

如果用户选择的是关联性尺寸标注，那么当改变尺寸标注样式时，在该样式基础上生成的所有尺寸标注都将随之改变。

3. 尺寸标注的类型

系统提供了线性（长度）、半径和角度等基本的尺寸标注类型，如图 9-4 所示。

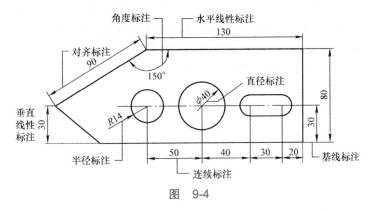

图　9-4

标注尺寸的类型有线性标注、对齐标注、角度标注、弧长标注、半径标注、直径标注、坐标标注、折弯标注等，如图 9-5 所示。

（1）长度型尺寸标注　标注长度方向的尺寸，其分为单一长度型（水平型、垂直型、旋转型）、基线型、连续型、两点对齐型尺寸。

（2）角度型尺寸标注　标注角度尺寸。

（3）直径型尺寸标注　标注直径尺寸。

（4）半径型尺寸标注　标注半径尺寸。

（5）快速尺寸标注　成批快速标注尺寸。

（6）坐标型尺寸标注　标注相对于坐标原点的坐标。

4. 创建标注样式

AutoCAD 提供的尺寸标注功能是一种半自动标注，它只要求用户输入最少的标注信息，其他参数（如箭头的大小、尺寸数字的高低、尺寸界线的长短、尺寸界线之间的间距等）都是通过标注样式的设置来确定的，而标注样式中的各种状态与参数都有相应的尺寸标注系统变量。

图　9-5

当进行尺寸标注时，AutoCAD 默认的设置往往不能满足需要，这就需要新建标注样式或对已有的标注样式进行修改，DIMSTYLE 命令提供了设置和修改标注样式的功能。

在命令行输入"DIMSTYLE"或"D"命令后，打开【标注样式管理器】对话框，如图 9-6 所示。在该对话框的【样式】列表框中显示了标注样式的名称。若在【列出】下拉列表中选择【所有样式】，则在【样式】列表框中显示所有样式名；若在【列出】下拉列表中选择【正在使用的样式】，则在【样式】列表框中显示当前正在使用的样式名称。AutoCAD 提供的默认标注样式为【Standard】。

在标注前，用户一般都要创建尺寸样式，否则，AutoCAD 将使用默认样式【ISO-25】生成尺寸标注。AutoCAD 中可以定义多种不同的标注样式，并为其命名。标注时，用户只需指定其中一个为当前样式，就能创建相应的标注形式。

【步骤解析】

1）单击【注释】面板上的 ◁ ISO-25 ▢，或输入命令"DIMSTYLE"，弹出【标注样式管理器】对话框，如图 9-6 所示。通过该对话框可以命名新的尺寸样式或修改样式中的尺寸变量。

2）单击 新建(N)... ，弹出【创建新标注样式】对话框，如图 9-7 所示。在该对话框的【新样式名】文本框中输入新的样式名称"娄底潇湘职业学院"；在【基础样式】下拉列表中指定某个尺寸样式为新样式的基础样式，则新样式将包含基础样式的所有设置。此外，用户还可在【用于】下拉列表中设定新样式对某一尺寸类型的特殊控制。默认情况下，【用于】下拉列表中的选项是【所有标注】，即指新样式将控制所有类型的尺寸。

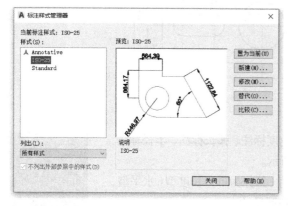

图　9-6

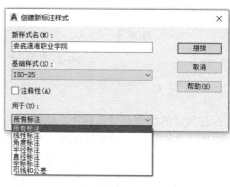

图　9-7

3）单击 继续 ，弹出【新建标注样式】对话框，如图 9-8 所示。

4）在【线】选项卡中的【基线间距】【超出尺寸线】和【起点偏移量】等文本框中分别输入相应值；还可设置尺寸线的颜色、线型、线宽；设置尺寸界线的颜色、线型、线宽等；也可设置尺寸线、尺寸界线是否隐藏，如图 9-9 所示。

5）在【符号和箭头】选项卡中的【第一个】【第二个】下拉列表中设置箭头的类型；在【箭头大小】文本框中设置箭头的大小；同时还可设置圆心标记及大小、折断标注中折断大小、弧长符号位置、半径折弯标注角度等，如图 9-10 所示。

6）在【文字】选项卡中的【文字样式】下拉列表中选择已经建好的文字样式，同时也可设置文字的颜色、填充颜色、文字高度以及是否绘制文字边框。文字位置可以从垂直、水平两个方向进行设置；设置从尺寸线偏移的大小和文字对齐方式等，如图 9-11 所示。

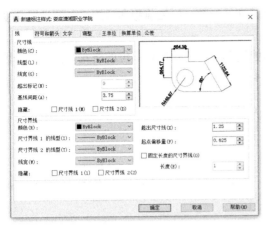
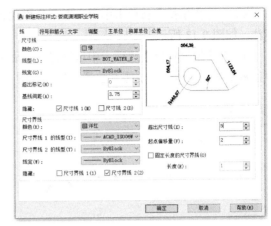

图 9-8　　　　　　　　　　图 9-9

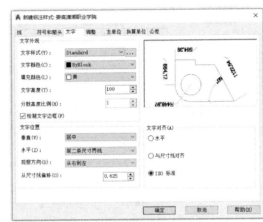

图 9-10　　　　　　　　　　图 9-11

7）在【调整】选项卡中进行调整选项、文字位置的设置，如图 9-12 所示。

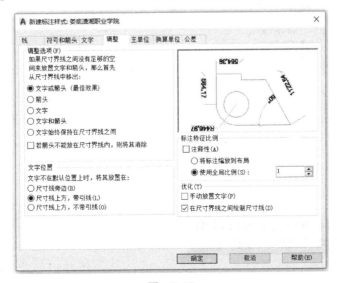

图 9-12

8）在【主单位】选项卡中可设置单位格式和精度的位数，可加前缀和后缀，也可设置角度标注，如图 9-13 所示。

9）在【换算单位】选项卡中可设置是否显示换算单位，进行换算单位的格式、精度、倍数等参数设置；还可进行消零和位置设置，如图 9-14 所示。

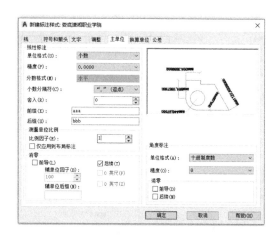 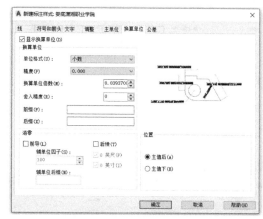

图　9-13　　　　　　　　　　　　　　图　9-14

10）在【公差】选项卡中可设置公差格式、公差对齐方式等内容，如图 9-15 所示。

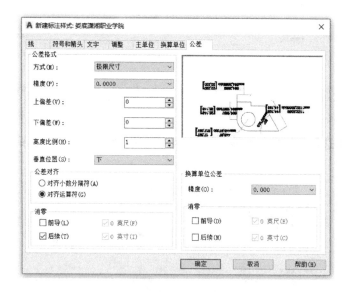

图　9-15

 小技巧

标注样式的快捷命令：DIMSTYLE/D。

工具按钮：ISO-25。

任务二 标注尺寸

依次标注各种尺寸，绘图过程如图9-16所示。

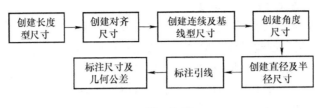

9-2
标注尺寸

图 9-16

1. 线性尺寸标注

标注长度尺寸一般可使用以下两种方法：

1）通过在标注对象上指定尺寸线的起始点及终止点，创建尺寸标注。

2）直接选取要标注的对象。

DIMLINEAR命令可以标注水平、竖直及倾斜方向的尺寸。标注时，若要使尺寸倾斜，则在命令行中输入"R"，然后输入尺寸线的倾斜角度即可。

打开"项目九 01.dwg"图形文件，使用线性尺寸标注方式进行标注，如图9-17所示。

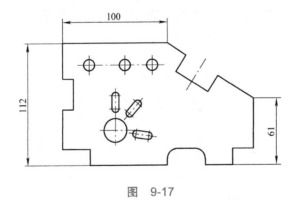

图 9-17

 小技巧

【线性】标注的快捷命令：DIMLINEAR/DIMLIN。

工具按钮：线性。

命令：DIMLINEAR

指定第一个尺寸界线原点或 < 选择对象 > ：

指定第二条尺寸界线原点：

指定尺寸线位置或

[多行文字（M）/ 文字（T）/ 角度（A）/ 水平（H）/ 垂直（V）/ 旋转（R）]：

标注文字 = 61

命令选项介绍如下：

①【多行文字（M）】：使用该选项可以打开多行文字编辑器，利用此编辑器，用户可以输入新的标注文字。

②【文字（T）】：使用该选项，用户可以在命令行中输入新的尺寸文字。

③【角度（A）】：设置文字的放置角度。

④【水平（H）/ 垂直（V）】：创建水平或垂直型尺寸。用户也可通过移动鼠标光标指定创建何种类型尺寸。若左右移动鼠标光标，则生成垂直尺寸；若上下移动鼠标光标，则生成水平尺寸。

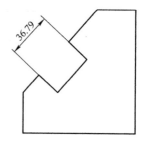

⑤【旋转（R）】：使用 DIMLINEAR 命令时，AutoCAD 会自动将尺寸线调整成水平或竖直方向的。【旋转（R）】选项可使尺寸线倾斜一定角度，因此可利用这个选项标注倾斜的对象，如图 9-18 所示。

图　9-18

注意：若修改了系统自动标注的文字，就会失去尺寸标注的关联性，即尺寸数字不随标注对象的改变而改变。

2. 对齐尺寸标注

要标注倾斜对象的真实长度可以使用对齐尺寸，对齐尺寸的尺寸线平行于倾斜的标注对象。如果用户选择两个点来创建对齐尺寸，则尺寸线与两点的连线平行。

打开"项目九 01.dwg"图形文件，使用对齐尺寸标注方式进行标注，如图 9-19 所示。

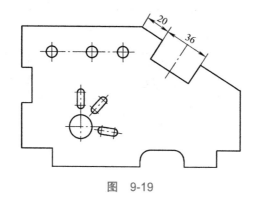

图　9-19

 小技巧

【对齐】标注的快捷命令：DIMALIGNED/DIMALI。

工具按钮：对齐。

命令：DIMALIGNED

指定第一个尺寸界线原点或 < 选择对象 >：

指定第二条尺寸界线原点：

创建了无关联的标注。

指定尺寸线位置或

[多行文字（M）/文字（T）/角度（A）]：

标注文字 = 20

3. 连续型尺寸标注

连续型尺寸标注是一系列首尾相连的尺寸标注形式，在创建这种形式的尺寸时，应首先建立一个尺寸标注，然后使用连续型标注命令。

打开"项目九 01.dwg"图形文件，使用连续型尺寸标注方式进行标注，如图 9-20 所示。

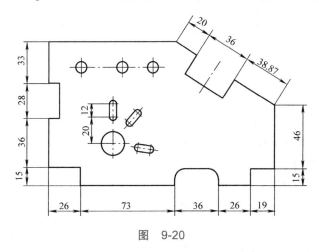

图 9-20

【连续】标注的快捷命令：DIMCONTINUE / DIMCONT。

工具按钮：███ 连续 ▼。

命令：DIMCONTINUE

指定第二个尺寸界线原点或 [选择（S）/放弃（U）]＜选择＞：

标注文字 = 73

指定第二个尺寸界线原点或 [选择（S）/放弃（U）]＜选择＞：

标注文字 = 36

指定第二个尺寸界线原点或 [选择（S）/放弃（U）]＜选择＞：

标注文字 = 26

指定第二个尺寸界线原点或 [选择（S）/放弃（U）]＜选择＞：

标注文字 = 19

指定第二个尺寸界线原点或 [选择（S）/放弃（U）]＜选择＞：

选择连续标注：

4. 基线型尺寸标注

基线型尺寸是指所有的尺寸都从同一点开始标注，即共用一条尺寸界线。在创建这种形式的尺寸时，应首先建立一个尺寸标注，然后使用基线型标注命令。

打开"项目九 01.dwg"图形文件，使用基线型尺寸标注方式进行标注，如图 9-21 所示。

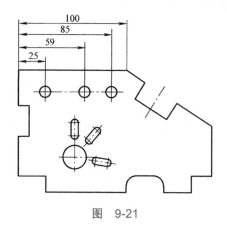

图　9-21

✎ **小技巧**

【基线】标注的快捷命令：DIMBASELINE / DIMBASE。

工具按钮： ┣┣ 基线 ▾ 。

命令：DIMBASELINE

指定第二个尺寸界线原点或 [选择（S）/ 放弃（U）] < 选择 >：

标注文字 = 59

指定第二个尺寸界线原点或 [选择（S）/ 放弃（U）] < 选择 >：

标注文字 = 85

指定第二个尺寸界线原点或 [选择（S）/ 放弃（U）] < 选择 >：

标注文字 = 100

指定第二个尺寸界线原点或 [选择（S）/ 放弃（U）] < 选择 >：

选择基准标注：* 取消 *

注意：当用户创建一个尺寸标注后，紧接着启动【基线】或【连续】标注命令，则 AutoCAD 将以该尺寸的第一条尺寸界线为基准线生成基线型尺寸，或者以该尺寸的第二条尺寸界线为基准线创建连续型尺寸。若不想在前一个尺寸的尺寸界线上生成连续型或基线型尺寸，就按 <Enter> 键，AutoCAD 命令行提示"选择连续标注"或"选择基准标注"，此时，选择某条尺寸界线作为建立新尺寸的基准线即可。

5. 角度尺寸标注

国家标准规定角度数字一律水平书写，一般注写在尺寸线中断处，必要时可写在尺寸线的上方或外侧，也可以画引线标注。

为使角度数字的放置形式符合国家标准，用户可以采用当前尺寸样式的覆盖方式标注角度。

【步骤解析】

1）单击【注释】面板中的 ┣ ISO-25 ▾ ，弹出【标注样式管理器】对话框。

2）单击 替代(O)... （注意不要使用 修改(M)... ），弹出【替代当前样式】对话框；进入【文字】选项卡，在【文字对齐】选项组中选择【水平】，如图 9-22 所示。

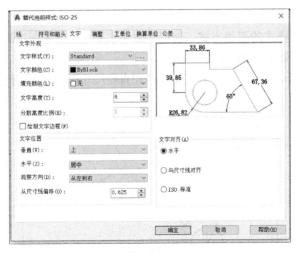

图 9-22

3）返回主窗口，打开"项目九 01.dwg"图形文件，标注角度尺寸，角度数字将水平放置，如图 9-23 所示。

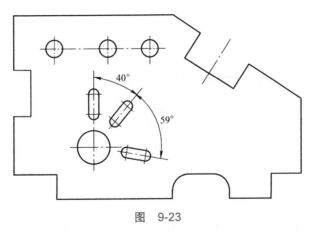

图 9-23

✏️ 小技巧

【角度】标注的快捷命令：DIMANGULAR / DIMANG。

工具按钮：⊿ 角度。

命令：DIMANGULAR

选择圆弧、圆、直线或＜指定顶点＞：

选择第二条直线：

指定标注弧线位置或 [多行文字（M）/ 文字（T）/ 角度（A）/ 象限点（Q）]：

标注文字 = 40

6. 半径和直径尺寸标注

在标注半径和直径尺寸时，AutoCAD 会自动在标注文字前面加入"R"或"φ"符号。实际标注中，直径和半径型尺寸的标注形式有很多种。其中，通过当前样式的覆盖方式进行标注非常方便。

上一节已设定尺寸样式的覆盖方式，使尺寸数字水平放置，下面继续标注半径和直径尺寸，这些尺寸的标注文字将处于水平方向。

打开"项目九 01.dwg"图形文件，使用半径和直径尺寸标注方式进行标注，如图 9-24 所示。

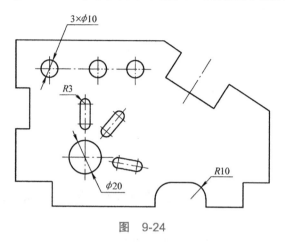

图　9-24

 小技巧

【半径】标注的快捷命令：DIMRADIUS / DIMRAD。

工具按钮：半径。

【直径】标注的快捷命令：DIMDIAMETER / DIMDIA。

工具按钮：直径。

命令：DIMRADIUS

选择圆弧或圆：

标注文字 = 3

指定尺寸线位置或 [多行文字（M）/ 文字（T）/ 角度（A）]：

命令：DIMDIAMETER

选择圆弧或圆：

标注文字 = 20

指定尺寸线位置或 [多行文字（M）/ 文字（T）/ 角度（A）]：

7. 引线尺寸标注

MLEADER 命令用于创建引线标注，引线标注由箭头、引线、基线（引线与标注文字间的线）和多行文字（或图块）组成，如图 9-25 所示，其中箭头的形式、引线外观、文字属性及图块形状等由引线样式控制。

选中引线的标注对象，利用关键点移

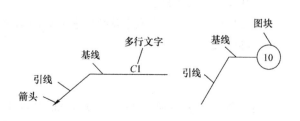

图　9-25

动基线，则引线、文字和图块跟随移动；若利用关键点移动箭头，则只有引线跟随移动，基线、文字和图块不动。

【步骤解析】

1）单击【注释】面板中的 Standard ，弹出【多重引线样式管理器】对话框，如图9-26所示，利用该对话框可新建、修改、重命名或删除引线样式。

2）单击【修改】按钮，弹出【修改多重引线样式】对话框，如图9-27所示，在该对话框中完成多重引线样式的设置。

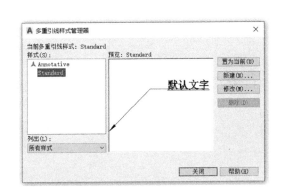

图　9-26　　　　　　　　　　　　　　图　9-27

3）选择【引线格式】选项卡，完成图9-28所示的引线格式设置。

4）选择【引线结构】选项卡，完成图9-29所示的引线结构设置。

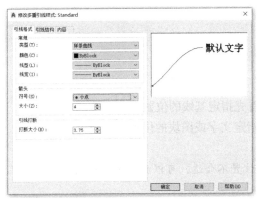

图　9-28　　　　　　　　　　　　　　图　9-29

图9-29中的【设置基线距离】文本框中的数值"8"表示下划线与引线间的距离。【指定比例】文本框中的数值等于绘图比例的倒数。

5）选择【内容】选项卡，设置的选项如图9-30所示，其中【基线间隙】文本框中的数值表示下划线的长度。

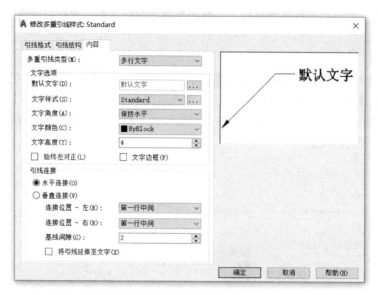

图　9-30

 小技巧

引线标注的快捷命令：MLEADER/MLD。

工具按钮：🖉 引线▾。

命令：MLEADER

指定引线箭头的位置或 [引线基线优先（L）/ 内容优先（C）/ 选项（O）] < 选项 > ：

指定下一点：

指定下一点：

指定引线基线的位置：

命令常用的选项介绍如下：

①【引线基线优先（L）】：创建引线标注时，首先指定基线的位置。

②【内容优先（C）】：创建引线标注时，首先指定文字或图块的位置。

注意：创建引线标注时，若文本或指引线的位置不合适，可以利用关键点编辑方式进行调整。

8. 快速引线标注

QLEADER 命令用于快速绘制引线和进行引线标注，利用 QLEADER 命令可以实现以下功能：

① 进行引线标注和设置引线标注格式。

② 设置文字注释的位置。

③ 限制引线上的顶点数。

④ 限制引线线段的角度。

打开"项目九 02 建筑详图标注 .dwg"图形文件，使用引线标注进行标注，如图 9-31 所示。

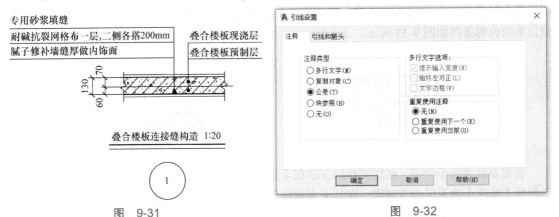

图　9-31　　　　　　　　　　　　　　图　9-32

✏️ **小技巧**

引线标注的快捷命令：QLEADER/QL。

命令：QLEADER

指定第一个引线点或［设置（S）］＜设置＞：S

指定第一个引线点或［设置（S）］＜设置＞：

指定下一点：

指定下一点：

注意：若在提示"指定第一个引线点或［设置（S）］＜设置＞："时直接按 <Enter> 键，则打开【引线设置】对话框，如图 9-32 所示。在【引线设置】对话框中有 2 个选项卡，通过各选项卡可以设置引线标注的具体格式。

9. 几何公差标注

对于一个零件，其实际形状和位置相对于理想形状和位置存在一定的误差，该误差称为几何公差。在工程图中，通常应当标注出零件中某些重要因素的几何公差。AutoCAD 提供了标注几何公差的功能，其标注命令为 TOLERANCE。

启动该命令后，打开【形位公差】对话框，输入相关参数，如图 9-33 所示。

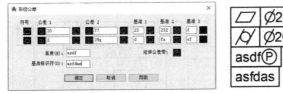

图　9-33

在【形位公差】对话框中，单击【符号】下面的黑色方块，打开【特征符号】对话框，如图 9-34 所示，通过该对话框可以设置几何公差的代号。在该对话框中，选择某个符号则单击该符号，若不进行选择，则单击右下角的白色方块或按 <Esc> 键。

在【形位公差】对话框【公差 1】的文本框中输入公差数值，单击文本框左侧的黑色方块则设置直径符号 ϕ；单击文本框右侧的黑色方块，则可打开【附加符号】对话框，利用该对话框设置的包容条件如图 9-35 所示。

图　9-34

图　9-35

若需要设置两个公差，利用同样的方法在【公差 2】文本框中进行设置。在【形位公差】对话框的【基准】输入区设置基准，在其文本框中输入基准的代号，单击文本框右侧的黑色方块，则可以设置包容条件。

打开"项目九 03 圆柱轴线的直线度公差标注 .dwg"图形文件，使用公差标注进行标注，如图 9-36 所示。

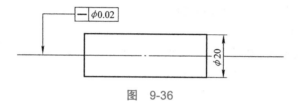

图　9-36

 小技巧

公差标注的快捷命令：TOLERANCE / TOL。

工具按钮：⊞。

命令：TOLERANCE

输入公差位置：

10. 快速标注

一次性选择多个对象，可同时标注多个相同类型的尺寸，这样可以节省时间，提高作图效率。系统默认状态为【指定尺寸线的位置】，通过拖动鼠标光标可以调整并确定尺寸线的位置。

打开"项目九 04 快速标注 .dwg"图形文件，使用快速标注命令进行标注，如图 9-37 所示。

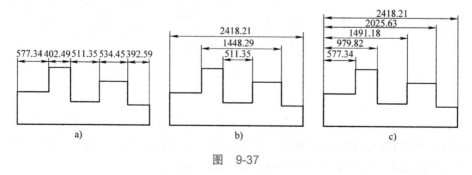

图　9-37

小技巧

【快速】标注的快捷命令：QDIM/QD。

工具按钮： 快速。

命令：QDIM

关联标注优先级＝端点

选择要标注的几何图形：找到 1 个

选择要标注的几何图形：找到 1 个，总计 2 个

选择要标注的几何图形：找到 1 个，总计 3 个

选择要标注的几何图形：找到 1 个，总计 4 个

选择要标注的几何图形：找到 1 个，总计 5 个

选择要标注的几何图形：

指定尺寸线位置或 [连续（C）/ 并列（S）/ 基线（B）/ 坐标（O）/ 半径（R）/ 直径（D）/ 基准点（P）/ 编辑（E）/ 设置（T）] ＜并列＞：B

命令中各选项说明如下：

① 【连续（C）】：对所选择的多个对象快速生成连续标注，如图 9-37a 所示。

② 【并列（S）】：对所选择的多个对象快速生成尺寸标注，如图 9-37b 所示。

③ 【基线（B）】：对所选择的多个对象快速生成基线标注，如图 9-37c 所示。

④ 【坐标（O）】：对所选择的多个对象快速生成坐标标注。

⑤ 【半径（R）】：对所选择的多个对象标注半径。

⑥ 【直径（D）】：对所选择的多个对象标注直径。

⑦ 【基准点（P）】：为基线标注和连续标注确定一个新的基准点。

⑧ 【编辑（E）】：对已标注的尺寸进行编辑。

⑨ 【设置（T）】：为尺寸界线原点设置默认的捕捉对象（端点或交点）。

11. 标注间距

DIMSPACE 命令可以自动调整图形中现有的平行线性标注和角度标注，以使其尺寸线间距相等或在尺寸界线处相互对齐，如图 9-38a、b 所示。

打开"项目九 05 标注间距 .dwg"图形文件，使用标注间距命令进行标注，如图 9-38 所示。

 小技巧

标注间距的快捷命令：DIMSPACE。

工具按钮： 。

命令：DIMSPACE

选择基准标注：

选择要产生间距的标注：找到 1 个

选择要产生间距的标注：找到 1 个，总计 2 个

选择要产生间距的标注：

输入值或 [自动（A）] < 自动 > : 60

注意：可以设定间距值为 0，将选定的线性标注和角度标注的末端对齐。如果标注角度时的间距标注采用自动选项，会发现标注的方向和角度发生了改变，如图 9-38c 所示。

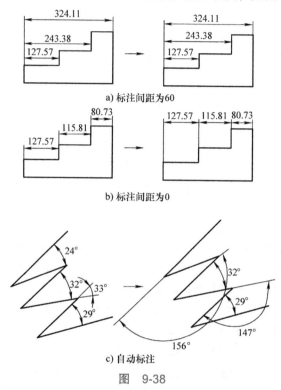

a) 标注间距为60

b) 标注间距为0

c) 自动标注

图　9-38

任务三　项目拓展

AutoCAD 提供的尺寸标注功能是一种半自动标注，它只要求用户输入最少的标注信息，其他参数是通过标注样式的设置来确定的。当进行尺寸标注时，AutoCAD 默认的设置往往不能完全满足具体的需要，这就需要对已有的标注进行修改。

9-3　项目拓展（修改尺寸标注相关属性）

在进行尺寸标注时，系统的标注形式和内容有时也可能不符合具体要求，在此情况下，可以根据需要对所标注的尺寸进行编辑。

1. 修改尺寸标注系统变量

标注样式中的各种状态与参数设置除可以通过上述【修改标注样式】对话框控制外，还都有对应的尺寸标注系统变量，也可直接修改尺寸标注系统变量来设置标注状态与参数。

尺寸标注系统变量的设置方法与其他系统变量的设置方法类似。图 9-39 所示为调整标注中的文字高度。

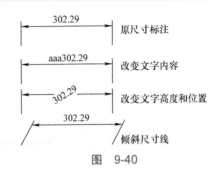

图　9-39

命令：DIMTXT
输入 DIMTXT 的新值 <30.0000> : 50

2. 修改尺寸标注

DIMEDIT 命令用于修改选定标注对象的文字位置、文字内容和倾斜尺寸线。

图 9-40 所示为改变尺寸标注中的文字位置、内容、高度和倾斜尺寸线。

图　9-40

 小技巧

修改尺寸标注的快捷命令：DIMEDIT。

工具按钮：

命令：DIMEDIT
输入标注编辑类型 [默认（H）/ 新建（N）/ 旋转（R）/ 倾斜（O）] < 默认 >：
选择对象：

命令中各选项说明如下：

① [默认（H）] ：使标注文字回到默认位置。

② [新建（N）] ：修改标注文字内容，弹出多行文字编辑器。

③ [旋转（R）] ：使标注文字旋转一定角度。

④ [倾斜（O）] ：使尺寸线倾斜。

3. 改变标注文字位置

DIMTEDIT 命令用于移动或旋转标注文字，可动态拖动文字。

图 9-41 所示为调整标注中的文字位置。

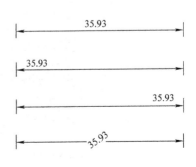

图　9-41

 **小技巧**

改变标注文字位置的快捷命令：DIMTEDIT。

工具按钮：

命令：DIMTEDIT

选择标注：

为标注文字指定新位置或[左对齐（L）/右对齐（R）/居中（C）/默认（H）/角度（A）]：L

实训一　标注建筑立面图尺寸

1）打开"项目九 06 建筑立面图 1.dwg"图形文件，用标注命令进行标注，效果如图 9-42 所示。

图　9-42

2）打开"项目九 07 建筑立面图 2.dwg"图形文件，用标注命令进行标注，效果如图 9-43 所示。

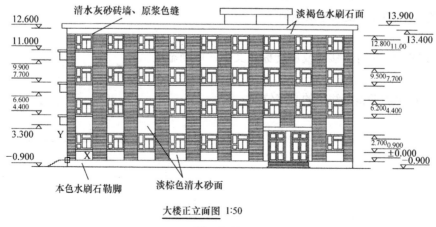

大楼正立面图 1:50

图　9-43

3）打开"项目九 08 建筑立面图 3.dwg"图形文件，用标注命令进行标注，效果如图 9-44 所示。

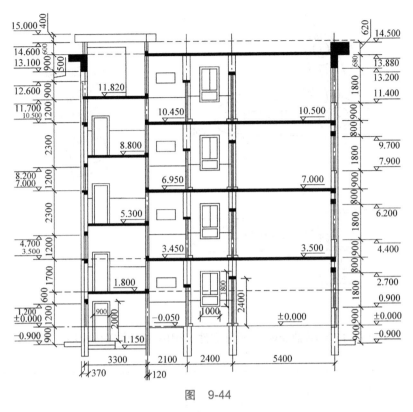

图 9-44

实训二 标注机械图尺寸

1）打开"项目九 10.dwg"图形文件，用 DIMLINEAR 和 DIMALIGNED 命令标注直线型尺寸，如图 9-45 所示。

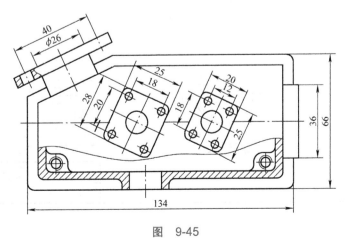

图 9-45

2）打开"项目九 11 连杆零件图 .dwg"图形文件，用标注命令进行标注，如图 9-46 所示。

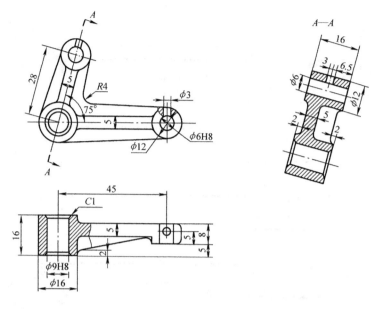

图　9-46

3）打开"项目九 12 阶梯轴 .dwg"图形文件，用标注命令进行标注，如图 9-47 所示。

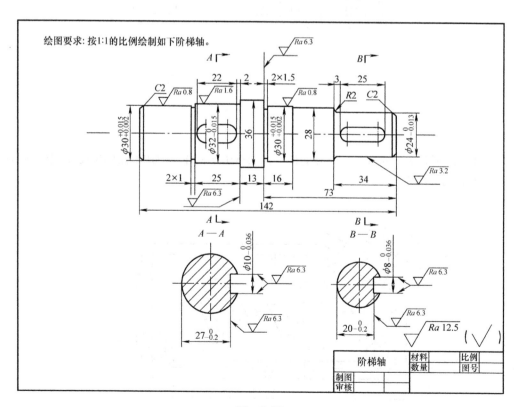

图　9-47

【项目小结】

1）创建标注样式，标注样式决定了尺寸标注的外观。当尺寸外观看起来不合适时，可通过调整标注样式进行修正。

2）在 AutoCAD 中可以标注出多种类型的尺寸，如线性尺寸、对齐尺寸、直径尺寸及半径尺寸等。

3）用 DDEDIT 命令修改标注文字内容，利用关键点编辑方式调整标注位置。

4）对建筑图进行引线标注、标高标注操作。

项目十
三维实体建模

【学习目标】

1）掌握基本实体的绘制，如长方体、圆环体、圆柱体、
圆锥体、球体、楔体和多段体。

2）掌握拉伸、旋转对象的操作方法。

3）掌握三维实体的编辑命令，如剖切、三维旋转、三
维镜像和三维阵列。

4）了解面域创建的方法。

5）熟悉实体对象中的布尔运算，如并集运算、交集运
算和差集运算。

6）熟悉三维坐标与三维视图之间快速切换的方法。

7）熟悉三维图形的显示和渲染设置。

前面各项目介绍了利用 AutoCAD 绘制二维图形的方法，二维图形绘制方便，表达图形全面、准确，是机械、建筑等工程图样的主要形式；但二维图形缺乏立体感，需要经过专门的训练才能看懂。而三维图形则能更直观地反映空间立体的形状，富有立体感，更易为人们所接受，是图形设计的发展方向。

实体建模就是创建三维实体模型。三维实体是三维图形中最重要的部分，它具有实体的特征，可以对其进行打孔、切割、挖槽、倒角以及布尔运算等操作，从而形成具有实际意义的物体。在机械和建筑应用中，机械零件和建筑构件几乎全部都是三维实体。三维实体建模的方法通常有以下三种：

1）利用 AutoCAD 提供的绘制基本实体的相关命令，直接输入基本实体的控制尺寸，由 AutoCAD 自动生成。

2）由二维图形沿与图形平面垂直的方向或指定的路径拉伸完成；将二维图形绕平面内的一条直线回转而成；或采用扫掠和放样的方法建立。

3）将上面两种方法创建的实体进行并、交、差等布尔运算从而得到更加复杂的形体。

在三维绘图过程中，一般需要将工作空间切换到【三维基础】或【三维建模】工作空间中进行操作，如图 10-1 所示。

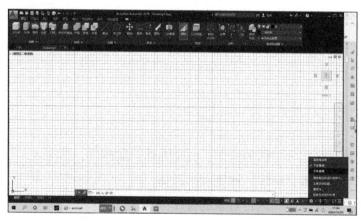

图　10-1

本项目介绍如何使用 EXTRUDE、BOX、CYLINDER 及 UNION 等命令创建图 10-2 所示的三维实体模型。首先进入三维绘图环境，然后创建三维实体的各个部分。

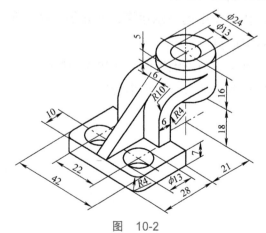

图　10-2

任务一　进入三维绘图环境

首先进入三维建模工作空间并切换视点，然后将二维对象拉伸成三维实体，具体绘图过程如图 10-3 所示。

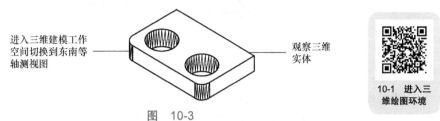

进入三维建模工作空间切换到东南等轴测视图

观察三维实体

图　10-3

10-1　进入三维绘图环境

1. 切换到东南等轴测视图

创建三维模型时可以切换至 AutoCAD 三维工作空间，默认情况下，AutoCAD 使观察点位于三维坐标系的 Z 轴上，因而屏幕上显示的是 XY 坐标面。绘制三维图形时，需改变观察的方向，这样才能看到模型沿 X、Y、Z 轴的实体形状。

在三维建模空间中，打开【视图】面板上的【视图控制】下拉列表，如图 10-4 所示；选择【东南等轴测】选项，切换到东南等轴测视图。

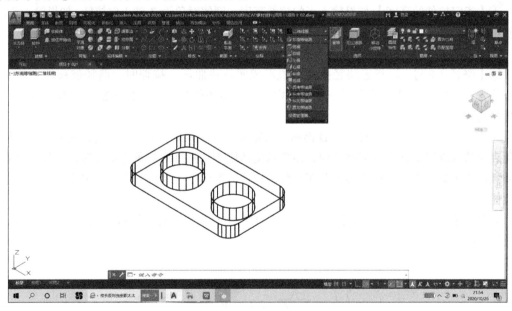

图　10-4

【视图控制】下拉列表提供了 10 种标准视点。通过这些视点就能获得三维对象的 10 种视图，如俯视、仰视和东南等轴测等。

2. 将二维对象拉伸成三维实体

EXTRUDE 命令可以拉伸二维对象生成三维实体或曲面。若拉伸闭合对象，则生成实体；否则生成曲面。操作时，用户可以指定拉伸高度值及拉伸对象的锥角，还可以沿某一直线或曲线路径进行拉伸。

10-2　绘制机械零件图底座

打开"项目十 02.dwg"图形文件，对二维图形进行拉伸，拉伸高度为"7"，效果如图 10-5 所示。

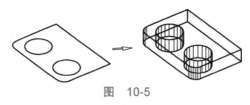

图　10-5

命令：EXTRUDE
当前线框密度：ISOLINES=20，闭合轮廓创建模式 = 实体
选择要拉伸的对象或 [模式（MO）]：找到 1 个
选择要拉伸的对象或 [模式（MO）]：找到 1 个，总计 2 个
选择要拉伸的对象或 [模式（MO）]：找到 1 个，总计 3 个
选择要拉伸的对象或 [模式（MO）]：
指定拉伸的高度或 [方向（D）/ 路径（P）/ 倾斜角（T）/ 表达式（E）]：7

命令中的选项介绍如下：

①【指定拉伸的高度】：如果输入正的拉伸高度，则使对象沿 Z 轴正向拉伸；如果输入负值，则使对象沿 Z 轴负向拉伸。

②【方向（D）】：指定两点，两点的连线表明了拉伸的方向和距离。

③【路径（P）】：沿指定路径拉伸对象形成实体或曲面。拉伸时，路径被移动到轮廓的形心位置，不能与拉伸对象在同一个平面内，曲率也不能过大，否则可能在拉伸过程中产生自相交情况。

④【倾斜角（T）】：当 AutoCAD 提示"指定拉伸的倾斜角度 < 0 >"时，输入正的拉伸倾斜角表示从基准对象逐渐变细地拉伸；而负角度值则表示从基准对象逐渐变粗地拉伸。设置的拉伸倾斜角不能太大，若拉伸实体截面在到达拉伸高度前已经变成一个点，那么会提示不能进行拉伸。

打开"项目十 03.dwg"图形文件，对各种对象进行拉伸，对拉伸的各个选项进行设置，拉伸效果如图 10-6 所示。

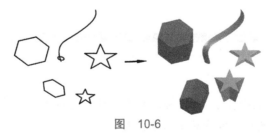

图　10-6

3. 观察三维实体

三维建模过程中，常需要从不同方向观察模型。除用标准点观察模型外，AutoCAD 还提供了多种观察模型的方法，3DFORBIT 命令可以使用户利用单击并拖动光标的方法将 3D 模型旋转起来，该命令使三维视图的操作及三维可视化变得十分容易。

打开"项目十　02.dwg"图形文件，在命令行中输入"3DFORBIT"，图形编辑区中出现 1 个大圆和 4 个均布的小圆，如图 10-7 所示。当鼠标光标移至圆的不同位置时，其形状将发生变化，鼠标光标的不同形状表明了当前视图的旋转方向。

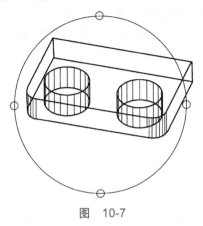

图　10-7

 小技巧

自由动态观察的快捷命令：3DFORBIT。

工具按钮：￼。

注意： 当用户想观察整个模型的部分对象时，应先选择这些对象，然后再启动 3DFOR-BIT 命令。此时，仅所选对象显示在图形编辑区中。若其没有处在动态观察器的大圆内，就单击鼠标右键，选取【范围缩放】命令，如图 10-8 所示。

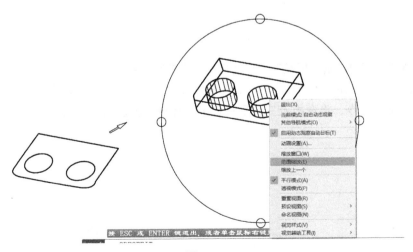

图　10-8

图 10-8 所示的菜单中常用命令的功能介绍如下：

1）【其他导航模式】：对三维视图执行平移、缩放操作。

2）【平行模式】：激活平行投影模式。

3）【透视模式】：激活透视投影模式。

4）【视觉样式】：提供了多种模型显示方式，如图 10-9 所示。

①【概念】：着色对象，效果缺乏真实感，但可以清断地显示模型细节。

②【隐藏】：用三维线框表示模型并隐藏不可见线条。

③【真实】：对模型表面进行着色，显示已附着于对象的材质。

④【线框】：用直线和曲线表示模型。

图 10-9

任务二 创建三维实体的各个部分

依次绘制实体的各个部分，最后进行布尔运算，具体绘图过程如图 10-10 所示。

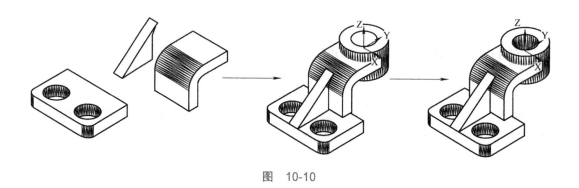

图 10-10

1. 弯板及三角形筋板

首先在 XY 平面内绘制弯板及三角形筋板的二维轮廓，并将其合并为整体，或者创建成面域；接着使用【拉伸】命令，形成弯板及三角形筋板的实体模型；最后使用【移动】命令，将弯板及三角形筋板的实体模型移动到合适的位置，效果如图 10-11 所示。

10-3 绘制弯板及三角形筋板

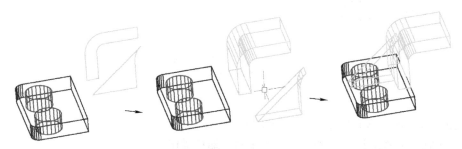

图 10-11

2. 圆柱体

单击【建模】面板中的 ，启动 CYLINDER 命令，绘制两个圆柱体。其中一个底面半径为 12mm，高为 16mm，另一个底面半径为 6.5mm，高为 16mm，效果如图 10-12 所示。

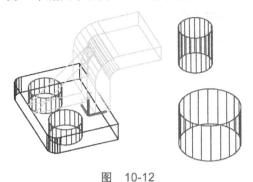

10-4　绘制圆柱体

图　10-12

小技巧

【圆柱体】的快捷命令：CYLINDER。

工具按钮：圆柱体。

命令：CYLINDER

指定底面的中心点或 [三点（3P）/ 两点（2P）/ 切点、切点、半径（T）/ 椭圆（E）]：

指定底面半径或 [直径（D）]<12.0000>：

指定高度或 [两点（2P）/ 轴端点（A）]<16.0000>：

使用 MOVE 命令，将两个圆柱体移动到合适的位置，效果如图 10-13 所示。

图　10-13

3. 布尔运算

对已经创建的三维实体进行布尔运算可以构成更加复杂的三维模型。

1）用 UNION 命令进行并集运算，或单击【实体编辑】面板中的，Auto-CAD 命令提示如下。

10-5　实体建模中的布尔运算

> 命令：UNION
> 选择对象：找到 1 个
> 选择对象：找到 1 个，总计 2 个
> 选择对象：找到 1 个，总计 3 个
> 选择对象：

在执行命令后，选择底板、弯板及大圆柱体进行合并，效果如图 10-14 所示。

图　10-14

 小技巧

> 【并集】运算的快捷命令：UNION/UN。
> 工具按钮：█。

2）用 SUBTRACT 命令进行差集运算，或单击【实体编辑】面板中的█按钮，AutoCAD 命令提示如下。

> 命令：SUBTRACT
> 选择要从中减去的实体、曲面和面域 ...
> 选择对象：找到 1 个
> 选择对象：
> 选择要减去的实体、曲面和面域 ...
> 选择对象：找到 1 个
> 选择对象：找到 1 个，总计 2 个
> 选择对象：找到 1 个，总计 3 个
> 选择对象：

在执行命令后，选择上一步合并后的实体，再选择要减去的实体，设置【视觉样式】为【真实】模式，效果如图 10-15 所示。

图 10-15

 小技巧

【差集】运算的快捷命令：SUBTRACT/SU。

工具按钮：。

任务三 项目拓展

本任务主要介绍如何创建面域；进行布尔运算；创建基本实体，如长方体、圆柱体、圆锥体、球体、棱锥体、楔体、圆环体；进行三维的阵列、镜像、旋转、倒圆角和倒直角，并对三维实体编辑工具也进行了介绍。

1. 创建面域

面域是指严格封闭的实心平面图形，其外部边界称为外环，内部边界称为内环。面域可以放在空间任何位置，可以计算其面积。面域在某些方面具有实体的特征，如面域也可以进行交集、并集、差集布尔运算。

10-6 创建面域

 小技巧

面域的快捷命令：REGION/REG。

工具按钮：。

命令：REGION

窗交（C）套索　按空格键可循环浏览选项找到 2 个

选择对象：

已提取 2 个环。

已创建 2 个面域。

选择集中每一个封闭图形创建一个实心面域，如图 10-16 所示。在创建面域时，会删除原对象并在当前图层创建面域对象。

图　10-16

2. 实体建模中的布尔运算

实体建模中的布尔运算是指对实体或面域进行并集、差集、交集布尔运算，以创建组合实体，打开素材"项目十 04.dwg"图形文件，对两个不同的实体对象进行布尔运算，效果如图 10-17 所示。

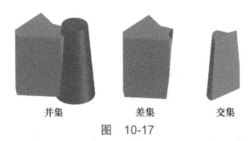

并集　　　　　　差集　　　　　　交集

图　10-17

（1）并集运算　在命令行输入"UNION"命令，或单击【实体编辑】面板中的█，可把相交叠的面域或实体合并为一个组合面域或实体。

（2）差集运算　在命令行中输入"SUBTRACT"命令，或单击【实体编辑】面板中的█，可从需要减掉的面域或实体中减去另一组对象，创建一个组合面域或实体。

（3）交集运算　在命令行中输入"INTERSECT"命令，或单击【实体编辑】面板中的█，可将多个面域或实体的公共部分创建为一个组合面域或实体。

 小技巧

【交集】运算的快捷命令：INTERSECT/INT。

工具按钮：█。

命令：INTERSECT

选择对象：

指定对角点：找到 2 个

选择对象：

3. 创建基本实体

（1）长方体　长方体由底面的两个对角顶点和长方体的高度定义，如图 10-18 所示。

在命令行中启动 BOX 命令后，会提示指定长方体底面角点 1 的位置，然后指定对角顶点 2 的位置；最后根据提示指定一个距离作为长方体的高度值，完成长方体的创建。高度值可以从键盘输入，也可以用光标在屏幕上指定一个距离作为高度值。

10-7　绘制长方体

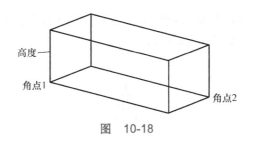

图 10-18

小技巧

【长方体】的快捷命令：BOX。

工具按钮：长方体。

命令：BOX

指定第一个角点或 [中心（C）]：

指定其他角点或 [立方体（C）/ 长度（L）]：

指定高度或 [两点（2P）]<339.4892>：

（2）圆柱体　圆柱体由圆柱底圆中心、圆柱底圆直径（或半径）和圆柱的高度确定。圆柱的底圆位于当前 UCS（用户坐标系）的 XY 平面上，如图 10-19 所示。

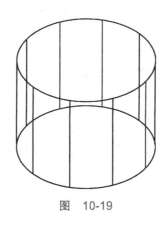

图 10-19

10-8　绘制圆柱体

小技巧

【圆柱体】的快捷命令：CYLINDER。

工具按钮：圆柱体。

命令：CYLINDER

指定底面的中心点或 [三点（3P）/ 两点（2P）/ 切点、切点、半径（T）/ 椭圆（E）]：

指定底面半径或 [直径（D）]<416.5459>：100

指定高度或 [两点（2P）/ 轴端点（A）]<150.2691>：150

（3）圆锥体　圆锥体由圆锥体的底圆中心、底圆直径（或半径）和圆锥的高度确定，底圆位于前 UCS 的 XY 平面上，如图 10-20 所示。

10-9　绘制
圆锥体

图　10-20

 小技巧

【圆锥体】的快捷命令：CONE。

工具按钮：圆锥体。

命令：CONE

指定底面的中心点或 [三点（3P）/两点（2P）/切点、切点、半径（T）/椭圆（E）]：

指定底面半径或 [直径（D）]<100.0000>：100

指定高度或 [两点（2P）/轴端点（A）/顶面半径（T）]<150.0000>：300

（4）球体　球体由球心的位置及其半径（或直径）确定，如图 10-21 所示。

在命令行中输入"SPHERE"，根据系统提示指定球体中心点的位置，然后输入球体的半径，完成球体的创建，如图 10-21 所示。

10-10　绘制
球体

图　10-21

 小技巧

【球体】的快捷命令：SPHERE。

工具按钮：球体。

命令：SPHERE

指定中心点或 [三点（3P）/两点（2P）/切点、切点、半径（T）]：

指定半径或 [直径（D）]：100

（5）棱锥体　在绘制棱锥体时，需要选择棱锥体的底面中心，也可以分别输入 X、Y、Z 的数值确定底面中心的坐标；接着选择底面的半径（一般情况下，AutoCAD 通过外接圆或内接圆来确定底面的尺寸）；最后确定底面棱锥体的高，这样就可以确定一个棱锥体，如图 10-22 所示。

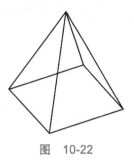

10-11　绘制棱锥体、楔体

图　10-22

 小技巧

【棱锥体】的快捷命令：PYRAMID。

工具按钮：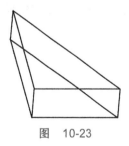。

命令：PYRAMID

4 个侧面　外切

指定底面的中心点或 [边（E）/ 侧面（S）]：

指定底面半径或 [内接（I）]<100.0000>：100

指定高度或 [两点（2P）/ 轴端点（A）/ 顶面半径（T）]<300.0000>：250

（6）楔体　楔体由底面的一对对角顶点和楔体的高度确定，其斜面正对着第一个顶点，底面位于 UCS 的 XY 平面上，与底面垂直的四边形通过第一个顶点且平行子 UCS 的 Y 轴，如图 10-23 所示。

在命令行中输入"WEDGE"命令，根据系统提示指定底面上的第一个顶点和其对角顶点，接着给出楔体的高度，完成楔体的创建。

图　10-23

 小技巧

【楔体】的快捷命令：WEDGE。

工具按钮：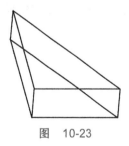。

命令：WEDGE

指定第一个角点或 [中心（C）]：

指定其他角点或 [立方体（C）/ 长度（L）]：

指定高度或 [两点（2P）]<202.3335>：

（7）圆环体　圆环体由圆环体的中心、圆环体的直径（或半径）和圆管的直径（半径）确定，圆环的中心位于当前 UCS 的 XY 平面上且对称面与平面重合，绘图效果如图 10-24 所示。

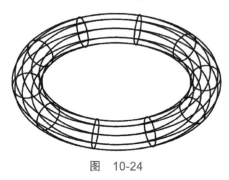

10-12　绘制圆环体

图　10-24

 小技巧

【圆环体】的快捷命令：TORUS。

工具按钮： 圆环体 。

命令：TORUS

指定中心点或 [三点（3P）/ 两点（2P）/ 切点、切点、半径（T）] :

指定半径或 [直径（D）]<141.4214> : 300

指定圆管半径或 [两点（2P）/ 直径（D）] : 50

（8）多段体　使用 POLYSOLID 命令将已有直线、二维多段线、圆弧或圆转换为具有等宽和等高的实体，绘图效果如图 10-25 所示。

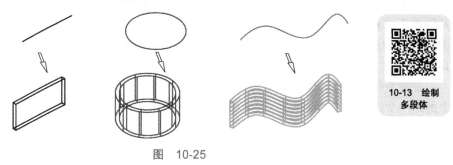

10-13　绘制多段体

图　10-25

 小技巧

【多段体】的快捷命令：POLYSOLID。

工具按钮： 多段体 。

命令：POLYSOLID　高度 =300.0000, 宽度 =40.0000, 对正 = 居中

指定起点或 [对象（O）/ 高度（H）/ 宽度（W）/ 对正（J）]< 对象 > : O

选择对象：

命令中的选项介绍如下：

①【对象（O）】：指定要转换为实体的对象，转换对象可以是直线、圆弧、多段线或圆。

②【高度（H）】：指定实体的高度，默认高度为当前系统变量 PSOLHEIGHT 的数值。

③【宽度（W）】：指定实体的宽度，默认宽度为当前系统变量 PSOLWIDTH 的数值。

④【对正（J）】：使用命令定义轮廓时，可以将实体的宽度和高度设置为左对正、右对正或居中。对正方式由第一条线段的起始方向决定，默认对正方式为居中对正。

4. 实体建模中的三维操作

（1）三维阵列　3DARRAY 命令是 ARRAY 命令的三维版本，通过这个命令，用户可以在三维空间中创建对象的矩形阵列或环形阵列。

打开"项目十 05 三维矩形阵列 .dwg"图形文件，用 3DARRAY 命令创建矩形阵列，结果如图 10-26 所示。

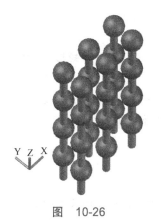

10-14　实体建模中三维矩形阵列

图　10-26

```
命令：3DARRAY
选择对象：指定对角点：找到 1 个
选择对象：
输入阵列类型 [ 矩形（R）/ 环形（P）]< 矩形 >：R
输入行数（---）<1>：2
输入列数（|||）<1>：3
输入层数（...）<1>：4
指定行间距（---）：指定第二点：200
指定列间距（|||）：300
指定层间距（...）：400
```

打开"项目十 06 三维环形阵列 .dwg"图形文件，用 3DARRAY 命令创建环形阵列，结果如图 10-27 所示。

10-15　实体建模中三维环形阵列

图　10-27

 小技巧

三维阵列的快捷命令：3DARRAY

命令：3DARRAY

选择对象：指定对角点：找到 1 个

选择对象：

输入阵列类型 [矩形（R）/ 环形（P）]< 矩形 >：P

输入阵列中的项目数目：8

指定要填充的角度（+= 逆时针，−= 顺时针）<360>：

旋转阵列对象？ [是（Y）/ 否（N）]<Y>：

指定阵列的中心点：

指定旋转轴上的第二点：

> **注意**：在进行三维矩形阵列时，阵列轴的正方向是从第 1 个指定点指向第 2 个指定点的，沿该方向伸出大拇指，其他 4 个手指的弯曲方向就是阵列角度的正方向。

（2）三维镜像　如果镜像线是当前平面内的直线，则可用 MIRROR 命令对三维对象进行镜像复制。但若想以某个平面作为镜像平面来创建三维对象的镜像复制特征，就必须使用 3DMIRROR（或 MIRROR3D）命令。如图 10-28 所示，把三个点 A、B、C 确定的平面定义为镜像平面，从而对实体进行三维镜像操作。

10-16　实体建模中三维镜像

打开"项目十 07 三维镜像 .dwg"图形文件，用 3DMIRROR 命令创建对象的三维镜像。

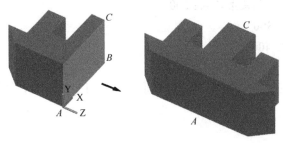

图　10-28

小技巧

三维镜像的快捷命令：3DMIRROR/MIRROR3D。

命令：3DMIRROR

MIRROR3D

选择对象：找到 1 个

选择对象：

指定镜像平面（三点）的第一个点或

［对象（O）/ 最近的（L）/Z 轴（Z）/ 视图（V）/XY 平面（XY）/YZ 平面（YZ）/ZX 平面（ZX）/ 三点（3）]＜三点＞：3

在镜像平面上指定第一点：

在镜像平面上指定第二点：

在镜像平面上指定第三点：

是否删除源对象？［是（Y）/ 否（N）]＜否＞：

命令中的选项介绍如下：

①【对象（O）】：以圆、圆弧、椭圆、二维多段线等二维对象所在的平面作为镜像平面。

②【最近的（L）】：该选项指定上一次 3DMIRROR 命令使用的镜像平面作为当前镜像平面。

③【Z 轴（Z）】：用户在三维空间中指定两个点，镜像平面将垂直于两点的连线，并通过第一个选取点。

④【视图（V）】：镜像平面平行于当前视区，并通过用户的拾取点。

⑤【XY 平面（XY）】【YZ 平面（YZ）】【ZX 平面（ZX）】：镜像平面平行于 XY、YZ 或 ZX 平面，并通过用户的拾取点。

（3）三维旋转　使用 ROTATE 命令仅能使对象在 XY 平面内旋转，即旋转轴只能是 Z 轴。3DROTATE 及 ROTATE3D 命令是 ROTATE 的三维版本，这两个命令能使对象绕三维空间中任意轴旋转。此外，3DROTATE 命令还能旋转实体的表面（按住 <Ctrl> 键选择实体表面）。

打开"项目十　08 三维旋转 .dwg"图形文件，用 3DROTATE 命令对选择对象进行三维旋转，如图 10-29 所示。

10-17　实体建模中三维旋转

图　10-29

小技巧

三维旋转的快捷命令：3DROTATE/ROTATE3D。

工具按钮：⬡。

命令：3DROTATE

UCS 当前的正角方向：ANGDIR= 逆时针　ANGBASE=0

选择对象：找到 1 个

选择对象：

指定基点：

正在检查 561 个交点 ...

拾取旋转轴：

指定角的起点或键入角度：90

> **注意**：使用 ROTATE3D 命令时应注意确定旋转轴的正方向，当旋转轴平行于坐标轴时，坐标轴的方向就是旋转轴的正方向。若通过两点来指定旋转轴，那么轴的正方向是从第一个选取点指向第二个选取点。

（4）三维倒圆角　使用 FILLET 命令可以对实体的棱边倒圆角，该命令对平面模型不适用。在三维空间中使用该命令时与在二维空间中使用有一些不同，用户不必事先设定倒角的半径值，系统会提示用户进行设定。

打开"项目十 09 三维倒圆角 .dwg"图形文件，用 FILLET 命令给三维对象倒圆角，如图 10-30 所示。

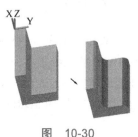

图　10-30

10-18　实体
建模中倒圆角

命令：FILLET

当前设置：模式 = 修剪，半径 =20.0000

选择第一个对象或 [放弃（U）/ 多段线（P）/ 半径（R）/ 修剪（T）/ 多个（M）]：

输入圆角半径或 [表达式（E）]<20.0000> : 18

选择边或 [链（C）/ 环（L）/ 半径（R）]：

已选定 1 个边用于圆角。

命令选项介绍如下：

① 【选择边】：可以连续选择实体的倒角边。

②【链（C）】：如果各棱边是相切的关系，则选择其中一个边，所有这些棱边都将被选中。

③【半径（R）】：该选项使用户可以为随后选择的棱边重新设定圆角半径。

（5）三维倒直角 倒角命令 CHAMFER 只能用于实体，而对平面模型不适用。在对三维对象应用此命令时，系统的提示顺序与对二维对象倒角时不同。

打开"项目十 10 三维倒直角 .dwg"图形文件，用 CHAMFER 命令给三维对象倒角，结果如图 10-31 所示。

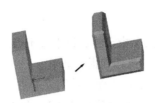

10-19 实体建模中倒直角

图 10-31

命令：CHAMFER
（"修剪"模式）当前倒角距离 1=10.0000，距离 2=8.0000
选择第一条直线或 [放弃（U）/ 多段线（P）/ 距离（D）/ 角度（A）/ 修剪（T）/ 方式（E）/ 多个（M）]：
基面选择 ...
输入曲面选择选项 [下一个（N）/ 当前（OK）]< 当前（OK）>：
指定基面倒角距离或 [表达式（E）]<10.0000>：8
指定其他曲面倒角距离或 [表达式（E）]<8.0000>：10

注意：实体的棱边是两个面的交线，当第一次选择棱边时，系统将高亮显示其中一个面，这个面代表倒角基面，用户可以通过【下一个（N）】选项使另一个表面成为倒角基面。

（6）三维剖切 在 AutoCAD 三维绘图中，有些实体只需要一部分，其多余部分需要删除。通过剖切现有对象，可以创建新的三维实体。打开"项目十 11 实体剖切 .dwg"图形文件，对圆环体进行剖切，保留一半，如图 10-32 所示。

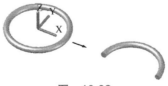

10-20 实体建模剖切

图 10-32

 小技巧

【剖切】的快捷命令：SLICE/SL。
工具按钮： 剖切 。
命令：SLICE
选择要剖切的对象：找到 1 个

选择要剖切的对象：

指定切面的起点或 [平面对象（O）/ 曲面（S）/Z 轴（Z）/ 视图（V）/XY 平面（XY）/ YZ（平面）（YZ）/ZX 平面（ZX）/ 三点（3）]< 三点 >：ZX

指定 ZX 平面上的点 <0,0,0>：

在所需的侧面上指定点或 [保留两个侧面（B）]< 保留两个侧面 >：

命令中的选项介绍如下：

①【指定切面的起点】：用过两个指定的点且垂直于当前 UCS 的 XY 平面的平面进行剖切。在指定了剖切平面上的第一个点后的操作和提示如下。

指定平面上的第二个点：（指定剖切平面上的第二个点）。

在所需的侧面上指定点或 [保留两个侧面（B）] < 保留两个侧面 >：（在要保留实体的一侧指定一个点，或使用"保留两侧"）。

其中，使用"在所需的侧面上指定点"选项，可用鼠标或键盘在需要保留的侧面指定一点，从而保留剖切实体的该侧；选择"保留两个两侧"选项，剖切平面两侧的实体均保留。

②【平面对象（O）】：用选择的圆、椭圆、圆弧、椭圆弧、二维样条曲线或二维多段线等二维对象所在的平面作为剖切平面剖切对象。

③【曲面（S）】：用选定的曲面进行剖切。

④【Z 轴（Z）】：通过在平面上指定一点和在该平面的法向上指定另一点，来定义剪切平面剖切对象。

⑤【视图（V）】：用过指定点且与当前视图平面平行的剖切平面进行剖切。

⑥【XY】【YZ】【ZX】：用 XY、YZ、ZX 平面，或过指定点并与它们平行的平面进行剖切。

⑦【三点（3）】：用指定的三点所定义的平面剖切对象。

5. 实体建模中的面操作

（1）拉伸面　AutoCAD 可以根据指定的距离拉伸面或将面沿某条路径进行拉伸。拉伸时，输入拉伸距离和锥角，拉伸实体将锥化。打开"项目十 12 拉伸面 .dwg"图形文件，将实体面按指定的距离、锥角及沿路径进行拉伸，结果如图 10-33 所示。

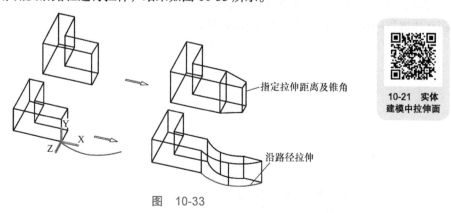

指定拉伸距离及锥角

沿路径拉伸

10-21　实体建模中拉伸面

图　10-33

当用户输入距离值来拉伸面时，面将沿着其法线方向移动。若指定路径进行拉伸，则系统形成拉伸实体的方式会根据不同性质的路径（如直线、多段线、圆弧或样条线等）而各有特点。

命令：SOLIDEDIT

实体编辑自动检查：SOLIDCHECK=1

输入实体编辑选项 [面（F）/ 边（E）/ 体（B）/ 放弃（U）/ 退出（X）]< 退出 >：_face

输入面编辑选项

[拉伸（E）/ 移动（M）/ 旋转（R）/ 偏移（O）/ 倾斜（T）/ 删除（D）/ 复制（C）/ 颜色（L）/ 材质（A）/ 放弃（U）/ 退出（X）]< 退出 >：_extrude

选择面或 [放弃（U）/ 删除（R）]：找到一个面。

选择面或 [放弃（U）/ 删除（R）/ 全部（ALL）]：

指定拉伸高度或 [路径（P）]：指定第二点：

指定拉伸的倾斜角度 <5>：10

已开始实体校验。

已完成实体校验。

选择要拉伸的实体表面后，系统提示"指定拉伸高度或 [路径（P）]"，各选项的功能介绍如下：

①【指定拉伸高度】：输入拉伸距离及锥角来拉伸面。规定每个面的外法线方向是正方向，当输入的拉伸距离是正值时，面将沿其外法线方向移动；否则将向相反方向移动。在指定拉伸距离后，系统会提示输入锥角，若输入正的锥角值，则将使面向实体内部锥化；否则将使面向实体外部锥化。

打开"项目十 13 拉伸角度设置 .dwg"图形文件，将实体面按指定的距离、锥角进行拉伸，结果如图 10-34 所示。

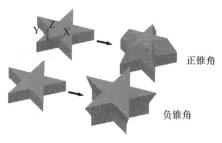

图 10-34

注意：如果用户指定的拉伸距离及锥角都较大时，可能使面在到达指定的高度前已缩小成为一个点，这时系统将提示拉伸操作失败。

②【路径（P）】：沿着一条指定的路径拉伸实体表面。拉伸路径可以是直线、圆弧、多段线及二维样条曲线等。作为路径的对象不能与要拉伸的表面共面，也应避免路径曲线的某些局部区域有较大的曲率，否则可能使新形成的实体在路径曲率较大处出现自相交的情况，从而导致拉伸失败。

拉伸路径的一个端点一般应在要拉伸的面内，如果不是，则系统将把路径端点移动到面的中心。拉伸面时，面从初始位置开始沿路径运动，直至路径终点结束，在终点位置被拉伸的面与路径是垂直的。

如果拉伸的路径是二维样条曲线，拉伸完成后，在路径起点和终点处被拉伸的面都将与路径垂直。若路径中相邻两条线段是非平滑过渡的，则系统沿着每一条线段拉伸面后，将把相邻两段实体缝合在其交角的平分处。

注意：用户可用 PEDIT 命令的【合并（J）】选项将一平面内连续的几段线条连接成多段线，这样就可以将其定义为拉伸路径了。

 小技巧

【拉伸面】的快捷命令：SOLIDEDIT。

工具按钮：

（2）移动面　用户可以通过【移动面】命令来修改实体的尺寸或改变某些特征的位置。打开"项目十 14 移动面 .dwg"图形文件，将实体的顶面 A 向上移动，并把孔 B 移动到新的位置，效果如图 10-35 所示。用户可以通过对象捕捉或输入位移值来精确地调整面的位置，系统在移动面的过程中将保持面的法线方向不变。

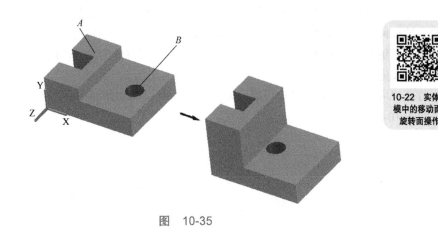

10-22 实体建模中的移动面、旋转面操作

图　10-35

 小技巧

【移动面】的快捷命令：SOLIDEDIT。

工具按钮：

命令：SOLIDEDIT

实体编辑自动检查：SOLIDCHECK=1

输入实体编辑选项 [面（F）/ 边（E）/ 体（B）/ 放弃（U）/ 退出（X）]< 退出 >：_face

输入面编辑选项

[拉伸（E）/ 移动（M）/ 旋转（R）/ 偏移（O）/ 倾斜（T）/ 删除（D）/ 复制（C）/ 颜色（L）/ 材质（A）/ 放弃（U）/ 退出（X）]< 退出 >：_move

选择面或 [放弃（U）/ 删除（R）]：找到一个面。

选择面或 [放弃（U）/ 删除（R）/ 全部（ALL）]：

指定基点或位移：

指定位移的第二点：

已开始实体校验。

已完成实体校验。

注意：如果指定了两点，AutoCAD 就根据这两点定义的矢量来确定移动的距离和方向。若在提示【指定基点或位移】时，输入一个点的坐标，当提示【指定位移的第二点】时，按 \<Enter\> 键，系统将根据输入的坐标值把选定的面沿着面法线方向移动。

（3）旋转面 通过旋转实体的表面就可改变面的倾斜角度。打开"项目十 15 旋转面 .dwg"图形文件，将 A、B 面的旋转角修改为 30°，效果如图 10-36 所示。

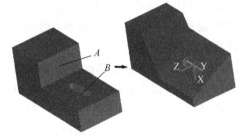

图 10-36

 小技巧

【旋转面】的快捷命令：SOLIDEDIT。

工具按钮：旋转面。

命令：_solidedit

实体编辑自动检查：SOLIDCHECK=1

输入实体编辑选项 [面（F）/ 边（E）/ 体（B）/ 放弃（U）/ 退出（X）]\<退出\>：_face

输入面编辑选项

[拉伸（E）/ 移动（M）/ 旋转（R）/ 偏移（O）/ 倾斜（T）/ 删除（D）/ 复制（C）/ 颜色（L）/ 材质（A）/ 放弃（U）/ 退出（X）]\<退出\>：_rotate

选择面或 [放弃（U）/ 删除（R）]：找到一个面。

选择面或 [放弃（U）/ 删除（R）/ 全部（ALL）]：

指定轴点或 [经过对象的轴（A）/ 视图（V）/X 轴（X）/Y 轴（Y）/Z 轴（Z）]\<两点\>：Y

指定旋转原点 \<0,0,0\>：

指定旋转角度或 [参照（R）]：30

已开始实体校验。

已完成实体校验。

选择要旋转的实体表面后，系统提示"指定轴点或经过对象的轴（A）/视图（V）/X 轴（X）/Y 轴（Y）/Z 轴（Z）<两点>"，各选项的功能介绍如下：

①【两点】：指定两点来确定旋转轴，轴的正方向是由第一个选择点指向第二个选择点。

②【经过对象的轴（A）】：通过图形对象来定义旋转轴，若选择直线，则所选直线即是旋转轴；若选择圆或圆弧，则旋转轴通过圆心且垂直于圆或圆弧所在的平面。

③【视图（V）】：旋转轴垂直于当前视图，并通过拾取点。

④【X 轴（X）】、【Y 轴（Y）】、【Z 轴（Z）】：旋转轴平行于 X、Y 或 X 轴，并通过拾取点。旋转轴的正方向与坐标轴的正方向一致。

⑤【指定旋转角度】：输入正的或负的旋转角，旋转角的正方向由右手螺旋法则确定。

⑥【参照（R）】：该选项允许用户指定旋转的起始参考角和终止参考角，这两个角度的差值就是实际的旋转角，此选项常用来使表面从当前的位置旋转到另一指定的方位。

注意：在旋转面时，用户可通过拾取两点，选择某条直线或设定旋转轴平行于坐标轴等方法来指定旋转轴。另外，应注意确定旋转轴的正方向。

（4）偏移面　对于三维实体，用户可通过偏移面来改变实体及孔、槽等特征的大小。进行偏移操作时，用户可以直接输入数值或拾取两点来指定偏移的距离，随后系统根据偏移距离沿表面的法线方向移动面的位置。打开"项目十 16 偏移面 .dwg"图形文件，将 A、B 面的倾斜角修改为 30°，把顶面 A 向下偏移，再将孔的表面向外偏移，如图 10-37 所示。输入正的偏移距离，将使表面向其外法线方向移动，否则被编辑的面将向相反的方向移动。

10-23　实体建模中的偏移面、倾斜面

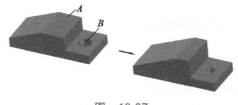

图　10-37

 小技巧

【偏移面】的快捷命令：SOLIDEDIT。

工具按钮： 偏移面。

命令：SOLIDEDIT

实体编辑自动检查：SOLIDCHECK=1

输入实体编辑选项 [面（F）/ 边（E）/ 体（B）/ 放弃（U）/ 退出（X）]< 退出 >：_
face

输入面编辑选项

[拉伸（E）/移动（M）/旋转（R）/偏移（O）/倾斜（T）/删除（D）/复制（C）/颜色（L）/材质（A）/放弃（U）/退出（X）]<退出>：_offset

　　选择面或[放弃（U）/删除（R）]：找到一个面。

　　选择面或[放弃（U）/删除（R）/全部（ALL）]：

　　指定偏移距离：指定第二点：80

　　已开始实体校验。

　　已完成实体校验。

（5）倾斜面　用户可以沿指定的矢量方向使实体表面产生倾斜。打开"项目十 17 倾斜面 .dwg"图形文件，选择圆柱表面使其沿某个方向倾斜，结果圆柱面变为圆锥面，如图 10-38 所示。

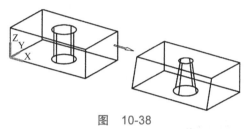

图　10-38

进行面的倾斜操作时，其倾斜方向由倾斜角的正负号及定义矢量时的基点决定。若输入正的倾斜角度值，则将已定义的矢量绕基点向实体内部倾斜，否则向实体外部倾斜。

 小技巧

【倾斜面】的快捷命令：SOLIDEDIT。

工具按钮：　。

命令：SOLIDEDIT

实体编辑自动检查：SOLIDCHECK=1

输入实体编辑选项[面（F）/边（E）/体（B）/放弃（U）/退出（X）]<退出>：_face

输入面编辑选项

[拉伸（E）/移动（M）/旋转（R）/偏移（O）/倾斜（T）/删除（D）/复制（C）/颜色（L）/材质（A）/放弃（U）/退出（X）]<退出>：_taper

　　选择面或[放弃（U）/删除（R）]：找到一个面。

　　选择面或[放弃（U）/删除（R）/全部（ALL）]：

　　指定基点：

　　指定沿倾斜轴的另一个点：

　　指定倾斜角度：15

　　已开始实体校验。

　　已完成实体校验。

（6）抽壳　用户可以利用抽壳的方法将一个实心体模型创建成一个空心的薄壳体。在使用抽壳功能时，用户需要设定壳体的厚度，并选择要删除的面，然后系统把实体表面偏移指定的厚度值以形成新的表面。这样，原来的实体就变为一个薄壳体，而在删除表面的位置就形成了壳体的开口。

10-24　实体建模中抽壳、压印操作

打开"项目十 18 抽壳面 .dwg"图形文件，对实体进行抽壳并去除其顶面，结果如图 10-39 所示。如果指定正的壳体厚度值，系统就在实体内部创建新面，否则在实体的外部创建新面。

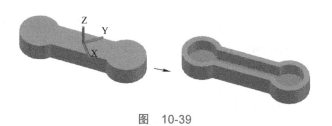

图　10-39

 小技巧

【抽壳】的快捷命令：SOLIDEDIT。

工具按钮：▉抽壳。

命令：SOLIDEDIT

实体编辑自动检查：SOLIDCHECK=1

输入实体编辑选项 [面（F）/ 边（E）/ 体（B）/ 放弃（U）/ 退出（X）] < 退出 >：_body

输入体编辑选项

[压印（I）/ 分割实体（P）/ 抽壳（S）/ 清除（L）/ 检查（C）/ 放弃（U）/ 退出（X）] < 退出 >：_shell

选择三维实体：

选择三维实体：

删除面或 [放弃（U）/ 添加（A）/ 全部（ALL）]：找到一个面，已删除 1 个。

删除面或 [放弃（U）/ 添加（A）/ 全部（ALL）]：

输入抽壳偏移距离：指定第二点：

已开始实体校验。

已完成实体校验。

（7）压印　使用【压印】命令（IMPRINT）可以把圆、直线、多段线、样条曲线、面域及实心体等对象压印到三维实体上，使其成为实体的一部分。用户必须使被压印的几何对象在实体表面区域内或与实体表面相交，压印操作才能成功。压印时，系统将创建新的表面，该表面以被压印的几何图形和实体的棱边作为边界，用户可以对生成的新面进行拉伸、偏移、复制及移动等操作。

打开"项目十 19 压印 .dwg"图形文件，如图 10-40 所示，将圆压印在实体上，并将新生成的面向上拉伸。

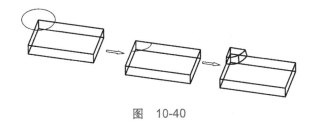

图　10-40

小技巧

【压印】的快捷命令：IMPRINT。

工具按钮：□ 压印。

命令：IMPRINT

选择三维实体或曲面：

选择要压印的对象：

是否删除源对象 [是（Y）/ 否（N）]<N>：

选择要压印的对象：

实训一　创建机械三维实体模型

1）打开"项目十　20 机械实体模型 .dwg"图形文件，用建模命令创建三维的机械实体模型，效果如图 10-41 所示。

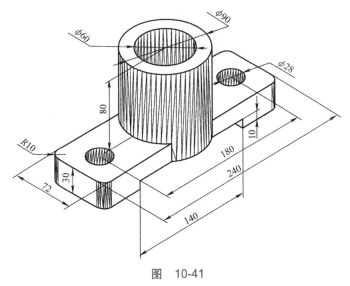

图　10-41

2）打开"项目十 21 立体实心体模型 .dwg"图形文件，用建模命令创建实心体模型，效果如图 10-42 所示。

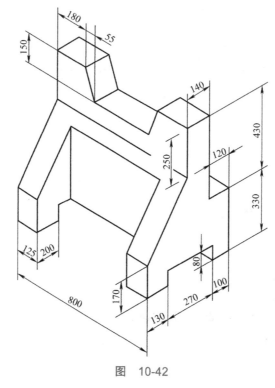

图　10-42

3）打开"项目十 22 立体实心体模型 .dwg"图形文件，用建模命令创建实心体模型，效果如图 10-43 所示。

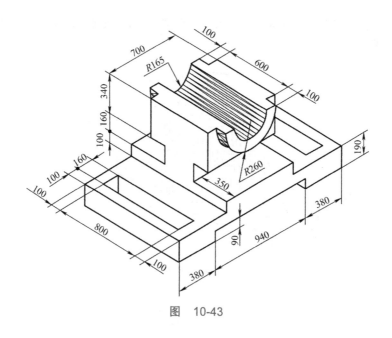

图　10-43

实训二　创建日用品的三维实体模型

1）打开"项目十 23 托盘 .dwg"图形文件，用建模命令创建托盘的三维实体模型，效果如图 10-44 所示。

图　10-44

2）打开"项目十 24 链条 .dwg"图形文件，用建模命令创建链条的三维实体模型，效果如图 10-45 所示。

图　10-45

3）打开"项目十 27 弹簧 .dwg"图形文件，用建模命令创建弹簧的三维实体模型，效果如图 10-46 所示。

图　10-46

4）打开"项目十 31 拉环 .dwg"图形文件，用建模命令创建拉环的三维实体模型，效果如图 10-47 所示。

图　10-47

【项目小结】

1）利用标准视点观察模型及动态旋转模型。

2）创建长方体、圆柱体和球体等基本立体模型。

3）拉伸圆、矩形、闭合多段线及面域等二维对象生成三维实体。

4）将圆、矩形、闭合多段线及面域等二维对象绕轴旋转生成三维实体。

5）阵列、旋转和镜像三维模型，编辑实体模型的表面。

6）进行实体间的布尔运算，如并集运算、差集运算、交集运算。

7）通过布尔运算构建复杂三维模型。

项目十一

网络施工平面图的绘制

【学习目标】

1）掌握绘制机房网络综合布线图的基本步骤。
2）掌握绘制商务大楼楼层工作区平面布点图的基本步骤。
3）掌握绘制商务大楼楼层平面管线图的基本步骤。
4）了解工作区信息点的配置。
5）了解网络线管和线槽常用的敷设方式。

任务一　机房综合布线图绘制

按照多媒体机房的使用要求，决定建立快速以太网。综合考虑经费等多方面因素，最终决定将光纤接入一台千兆多层核心交换机，再由这台核心交换机分 3 路接入到 3 台交换机中，最后经过配线架以百兆连接到各节点中。

11-1　机房综合布线图绘制

打开"项目十一　01 机房综合布线图 .dwg"图形文件，现对多媒体机房进行弱电（网络线）布线图的绘制，因教室比较大，把教室分为三路，每路配各一个独立的交换机。

1. 设置图层

打开【图层特性管理器】，设置相应的图层，主要是更改图层的【名称】【颜色】【线宽】如图 11-1 所示。

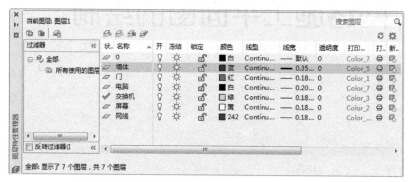

图　11-1

2. 绘制墙体和门

使用多线命令（MLINE）绘制机房外墙，机房外墙长为 30000mm、宽为 15000mm，再绘制一个宽度为 1800mm 的门，并对其进行镜像（也可以将门设置成一个块直接插入进去），效果如图 11-2 所示。

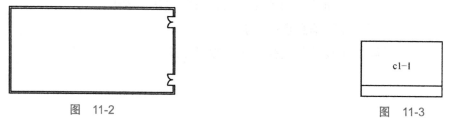

图　11-2

图　11-3

3. 绘制电脑

先绘制一个块代表电脑（其长、宽分别为 1100mm 和 600mm，也可以根据实际情况决定其尺寸），如图 11-3 所示。再把它依次插入至机房中（也可以采用阵列的方式进行绘制）；然后绘制教师机；再在对应的图层中采用【矩形】命令完成"屏幕""服务器机柜"和"交换机"的绘制，并使用文字编辑出其名称以便显示其内容；最后还要给每台电脑编号，效果如图 11-4 所示。图 11-5 所示为其局部效果图。

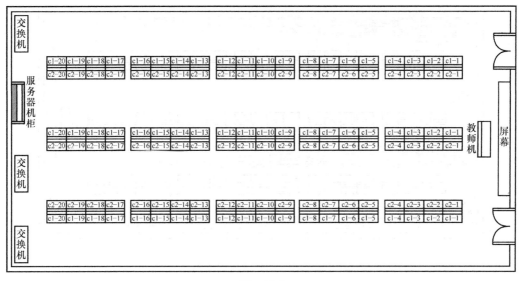

图　11-4

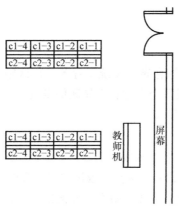

图　11-5

4.绘制网线

网线的绘制比较简单，但工作量较大，首先使用【多段线】命令绘制一根网线，然后使用【偏移】命令偏移若干根网线出来，使用【对象捕捉】进行移动，如图 11-6 所示。当其中一路的网线连接好后，可以采用镜像或复制的方式来完成另外各路网线的绘制，最终网络布线图如图 11-7 所示。

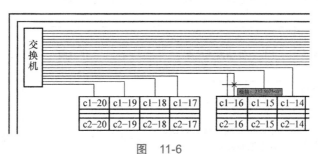

图　11-6

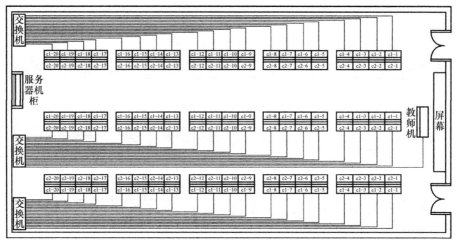

图 11-7

任务二 商务大楼第四层工作区平面布点图

使用 AutoCAD 软件，完成综合布线系统工程各工作区施工平面布点图的设计。通常办公室按每个位置或每个人配置工作区信息点。要求设计合理且便于施工，图面布局合理，图例说明清楚。

1. 工作区信息点的配置

一个独立且需要设置终端设备的区域宜划分为一个工作区，每个工作区需要设置一个计算机网络数据点或语音电话点，或按用户需要进行设置。

11-2 商务大楼 C 座第四层工作区平面布点图

（1）常见工作区信息点的配置原则 每个工作区信息点数量可按用户的性质、网络构成和需求来确定。常见工作区信息点的配置原则见表 11-1。

表 11-1 常见工作区信息点的配置原则

工作区类型及功能	安装位置	安装数量	
		数据	语音
网管中心、呼叫中心、信息中心等终端设备较为密集的场地	工作台处墙面或地面	1～2 个 / 工作台面	2 个 / 工作台面调整为 1 个 / 工作台面
集中办公室区域的写字楼、开放式工作区等人员密集场所	工作台处墙面或地面	1～2 个 / 工作台面	2 个 / 工作台面调整为 1 个 / 工作台面
董事长、经理、主管等独立办公室	工作台处墙面或地面	2 个 / 间	2 个 / 间
小型会议室 / 商务洽谈室	主席台处地面或者台面、会议桌地面或者台面	2～4 个 / 间	2 个 / 间调整为 1 个 / 间

（续）

工作区类型及功能	安装位置	安装数量	
		数据	语音
大型会议室，多功能厅	主席台处地面或者台面、会议桌地面或者台面	5~10个/间	2个/间调整为1个/间
面积超过5000m² 大型超市或者卖场	收银区和管理区	1个/100m²	1个/100m²
2000~3000m² 中小型卖场	收银区和管理区	1个/30~50m²	1个/30~50m²
餐厅、商场等服场所	收银区和管理区	1个/50m²	1个/50m²
宾馆标准间	床头、写字台或浴室	1个/间，写字台	1~3个/间
学生公寓（4人间）	写字台处墙面	4个/间	4个/间
公寓管理室、门卫室	写字台处墙面	1个/间	1个/间
教学楼教室	讲台附近	1~2个/间	
住宅楼	书房	1个/套	2~3个/套

（2）工作区信息点平面布点设计的图例选用 工作区信息点平面布点设计的图例选用见表 11-2。

表 11-2 工作区信息点平面布点设计的图例

图例符号	表示的含义	图例符号	表示的含义
TO	信息点	TO	信息点
TD	数据信息点	TD	数据信息点
TP	语音信息点	TP	语音信息点
⌐TO	墙面安装的单孔信息插座	■	墙面安装的单孔信息插座
⌐TD	墙面安装的单孔数据信息插座	⌐TP	墙面安装的单孔语音信息插座
2TO	墙面安装的双孔信息插座	■■	墙面安装的双孔信息插座
⌐TD/TP	墙面安装的双孔信息插座（1个数据和1个语音信息点）	⌐2TO	墙面安装的双孔信息插座（不确定数据/语音信息点）
▣	地面安装信息插座	●●	地面安装信息插座
▬ TD	地面安装的单孔数据信息插座	▬ TP	地面安装的单孔语音信息插座

（续）

图例符号	表示的含义	图例符号	表示的含义
⊙ TO	地面安装的单孔信息插座	⊙⊙ 2TO	地面安装的双孔信息插座（不确定数据/语音信息点）
⊞ 2TD	地面安装的双孔信息插座（2 个数据信息点）	●● TD TP	地面安装的双孔信息插座（1 个数据和 1 个语音信息点）
⠿	墙面安装的多用户信息插座	⠿	地面安装的多用户信息插座
CP	集合点	CT	转接点

2. 工作区信息点的命名和编号

工作区信息点的命名和编号是非常重要的一项工作，命名首先要准确表达信息点的位置或用途，要与工作区的名称相对应，这个名称从项目设计开始到竣工、验收及后续维护最好一致。如果出现项目投入使用后用户改变了工作区名称或者编号时，必须及时制作名称变更对应表，作为竣工资料保存。

工作区信息点命名和编号的一般格式如图 11-8 所示。

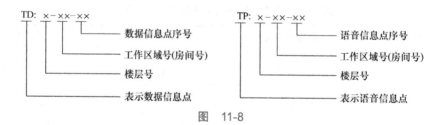

图 11-8

如果工作区信息点没有明确语音与数据，通常用"TO"表示。

3. 工作区信息点平面布点图的绘制案例综合实训

使用 AutoCAD 软件打开素材"项目十一 02 商务大楼第四层工作区平面布点图 .dwg"图形文件，完成综合布线系统工程各工作区施工平面布点图的设计。

【分析】

综合布线系统工作区平面布点图的绘制步骤与要点分别为熟悉规范，了解用户需求；列出工作区各房间功能用途与信息点需求对照表；根据对照表，运用图例符号，合理设计布点；对工作区信息点命名和编号；对布点图上的图例符号进行说明；制作图框和标题栏，完成综合布线系统工作区平面布点图的绘制。

根据商务大楼的背景资料、各房间的功能与用途、信息点需求对照表以及工作区信息点平面布点设计的图例选用对照表，使用 AutoCAD 软件，以商务大楼第四层工作区平面布点图设计。

【步骤】

1）使用【多线】【直线】【修剪】等命令绘制商务大楼第四层的墙体平面图，并插入各工作区的大门、双跑楼梯、洗手盆、蹲便器、马桶，效果如图 11-9 所示。

2）根据房间的不同用途，在第四层平面图中标注房间的房号及用途，效果如图 11-10 所示。

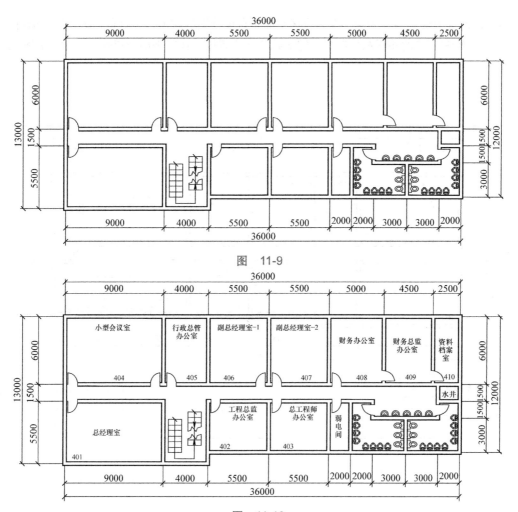

图　11-9

图　11-10

3）根据 401、402、404 等房间的不同用途，在第四层平面图中标注布点图标，完成第四层的信息点布点设计，并进行信息点编号，如图 11-11 所示。

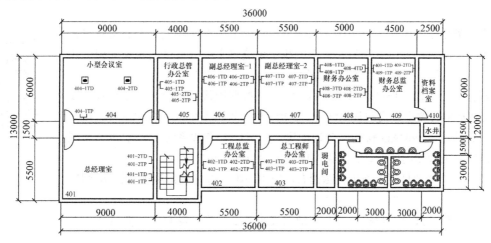

图　11-11

4）以商务大楼第四层为例，在工作区平面布点设计图的左下角，对布点图上的图标符号进行说明，并绘制简单的图框和标题栏，完成综合布线系统工作区平面布点图的绘制，如图 11-12 所示。

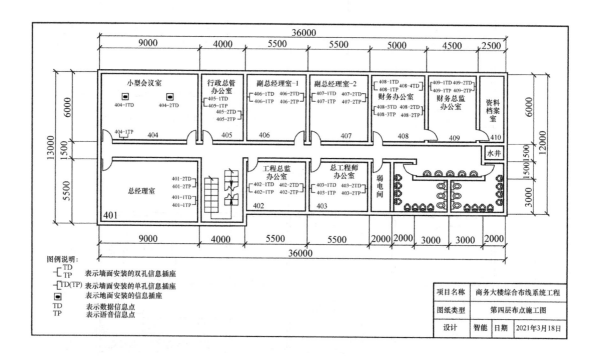

图　11-12

任务三　项目拓展——商务大楼第四层平面管线图

本任务根据 GB 5031—2016《综合布线系统工程设计规范》中的明确规定和任务二中所提供的信息资料，介绍配线子系统水平缆线设计的相关知识，并介绍如何绘制施工管线图和图例及编写施工说明。

11-3　商务大楼 C 座第四层平面管线图

根据商务大楼工作区信息点平面布点图，按照配线子系统水平缆线施工线管 / 线槽常用的敷设方式和常用线管 / 线槽 / 桥架规格型号以及容纳双绞线最多条数表，使用 AutoCAD 软件，合理配置，完成综合布线系统工程配线子系统水平缆线施工管线图的设计，并编写图例说明及施工说明。

要求设计合理且便于施工，图面布局路由清晰，标注图例和施工说明清楚。

1. 常用线管（线槽）规格型号与容纳双绞线最多条数表

常用线管（线槽）规格型号与容纳双绞线最多条数见表 11-3、表 11-4。

表 11-3　常用线管规格型号与容纳双绞线最多条线表

线管类型	线管规格 /mm	容纳双绞线最多条数	截面利用率（%）
PVC、金属	16	2	30
PVC	20	3	30
PVC、金属	25	5	30
PVC、金属	32	7	30
PVC	40	11	30
PVC、金属	50	15	30
PVC、金属	63	23	30
PVC	80	30	30
PVC	100	40	30

表 11-4　常用线槽规格型号与容纳双绞线最多条线表

线槽（桥架）类型	线槽（桥架）规格 /mm	容纳双绞线最多条数	截面利用率（%）
PVC	20 × 12	2	30 ~ 50
PVC	25 × 12.5	4	30 ~ 50
PVC	30 × 16	7	30 ~ 50
PVC	39 × 19	12	30 ~ 50
PVC、金属	50 × 25	18	30 ~ 50
PVC、金属	60 × 30	23	30 ~ 50
PVC、金属	75 × 50	40	30 ~ 50
PVC、金属	80 × 50	50	30 ~ 50
PVC、金属	100 × 50	60	30 ~ 50
PVC、金属	100 × 80	80	30 ~ 50
PVC、金属	150 × 75	100	30 ~ 50
PVC、金属	200 × 100	150	30 ~ 50

2. 常用敷设标注字母的注释

（1）敷设材料

MR：封闭式金属线槽敷设

QR：铝合金线槽敷设

SC：薄电线管（金属管）敷设

CP：蛇皮管 / 金属软管敷设

PVC：聚氯乙烯阻燃塑料管（槽）敷设

PR：塑料线槽敷设

PC：硬制塑料管敷设

FPC：半硬制塑料管敷设

PL：阻燃半硬聚乙烯管敷设

PCL：塑料夹敷设

（2）敷设方式

WC：暗敷设在墙内

WE：沿墙面敷设

FC：暗敷设在地面

FR：在地板下敷设

CLC：暗敷设在柱内

CLE：沿柱或跨柱敷设。

CC：暗敷设在顶板内

BC：暗敷设在梁内

CE：沿顶棚面或顶板面敷设

BE：沿屋架或跨屋架敷设

SCE：在吊顶内敷设；要穿金属管（JDG）

ACC：暗敷设在不能进入的吊顶内，要穿金属管

ACE：敷设在能进入的吊顶内

3. 平面管线图绘制案例综合实训

打开在 AutoCAD 软件中已绘制好的商务大楼第四层信息点平面布点图，了解配线（水平）子系统管槽路由设计的材料配置与选用，确定配线（水平）子系统设计的引线位置，即 FD（楼层配线设备）的位置，将绘制好的图保存为"项目十一　03 商务大楼第四层平面管线图 .dwg"。

【分析】

1）确定水平引线入口，即 FD 的位置。在商务大楼的平面图中确定楼层管理间（电信间）的位置，在弱电间配置壁挂式配线机柜。

2）确定水平主干布线路由及缆线保护，水平主干路由可选配金属桥架，由 FD 延伸水平主干布线。

3）确定各工作区管槽配置并作标注，各房间按照信息点的数量，选用不同规格的 PVC 线管（槽）与水平主干金属桥架相连布线。

4）确定工作区各房间各路由段的缆线数量并作标注。

5）确定 PVC 线管（槽）及金属桥架的安装敷设方式。

6）绘制配线（水平）子系统施工管线图，必须有图例说明、施工说明以及图框标题栏。

【步骤】

1）打开 AutoCAD 软件中已绘制好的商务大楼第四层信息点平面布点图，新建管线图层，使用【直线】或【多段线】命令绘制管线，如图 11-13 所示。

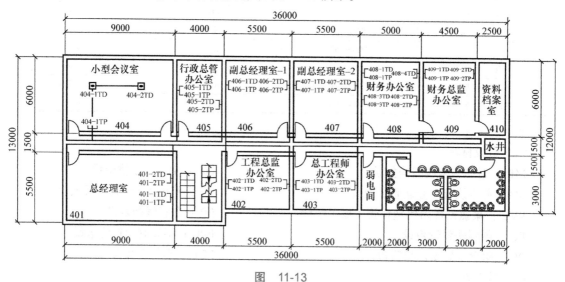

图　11-13

2）对管线进行标注，可先定义属性块，根据要求设置好引线标注样式，如图 11-14 所示。

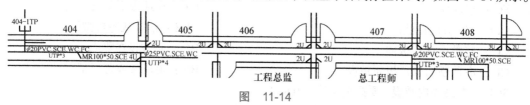

图　11-14

3）用多行文字命令，添加图例说明和施工说明，并修改图框标题栏，如图 11-15 所示。

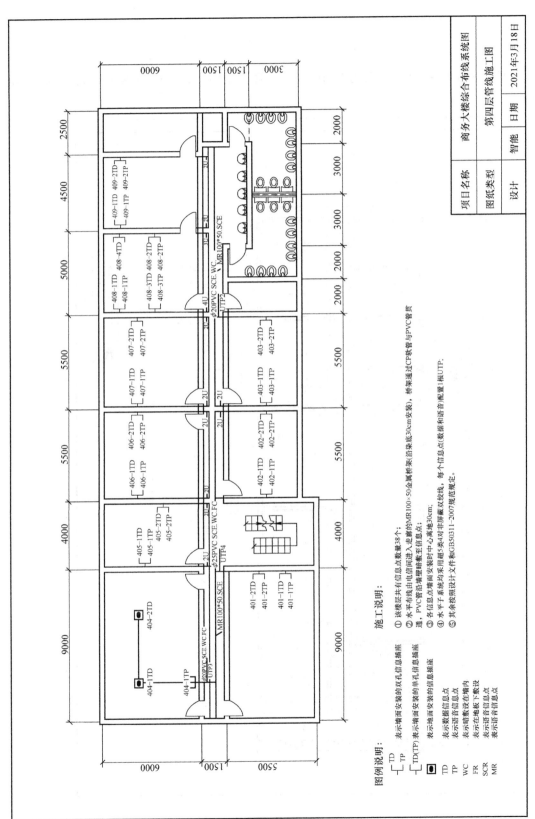

图 11-15

实训一　绘制建筑照明平面图

打开"项目十一 04 一层照明平面图 .dwg"图形文件，如图 11-16 所示，完善一层照明平面图。

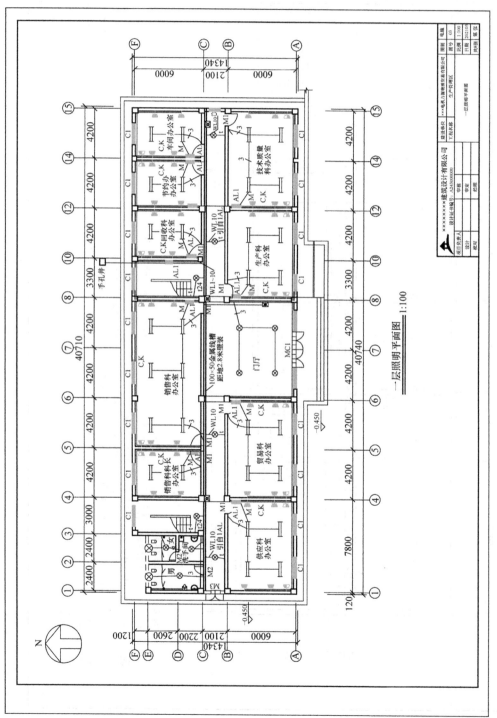

图 11-16

实训二 绘制建筑电气系统图

打开"项目十一 05 电气系统图 .dwg"图形文件，如图 11-17 所示，绘制电气系统图。

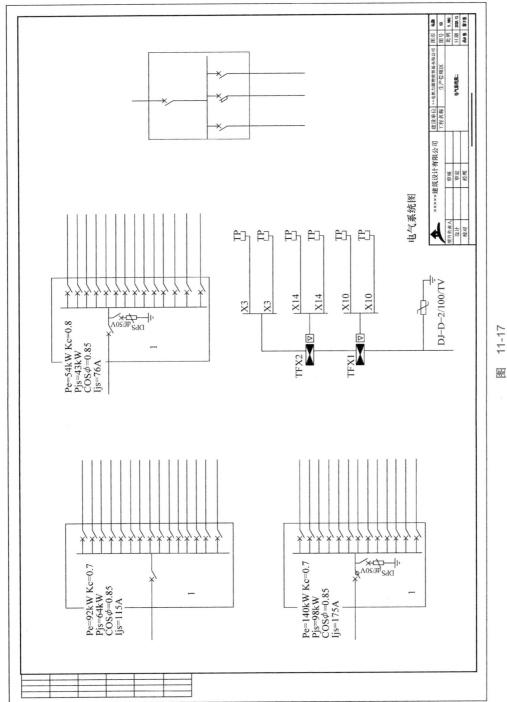

图 11-17

【项目小结】

绘制网络布线施工平面图是平面设计的综合化的应用，其图层设置量大、块的应用多、尺寸标注不同于机械制图里的标注形式，还涉及很多行业内的标准，所以要完全掌握比较困难，以后在进行相关的设计工作时，其中的细节要严格符合标准要求。

项目十二

综合实例（一）

【学习目标】

1）掌握绘制趣味图（如三心图、S 图标、猴子）的方法。

2）掌握绘制娄底潇湘职业学院校门立面图的方法。

3）掌握绘制室内平面图、吊顶平面图的方法。

任务一　趣味图——三心图

【分析】

打开"项目十二 01 趣味图——三心图 .dwg"图形文件，如图 12-1 所示。绘制过程中先用【直线】命令绘制辅助线，再用【圆】命令绘制主要轮廓线，然后进行修剪，得到基本图形后，使用【镜像】命令、夹点编辑中的复制缩放进行编辑。

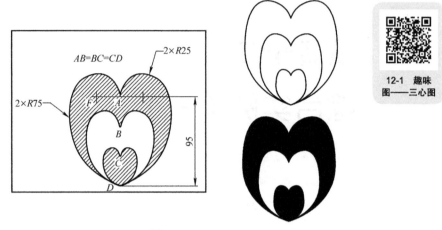

12-1　趣味
图——三心图

图　12-1

【步骤】

1）启动 AutoCAD2020。

2）用【直线】命令绘制主要辅助线 $FA = 25mm$、$AD = 95mm$，如图 12-2 所示。

3）用【圆】命令以 F 为圆心画半径为 25mm 的圆，以 D 为圆心画半径为 75mm 的圆，如图 12-3 所示。

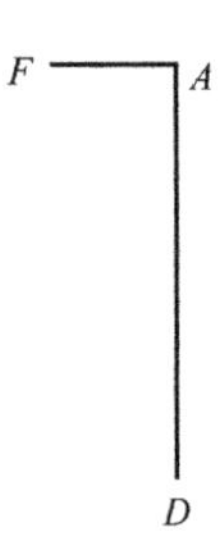

图　12-2

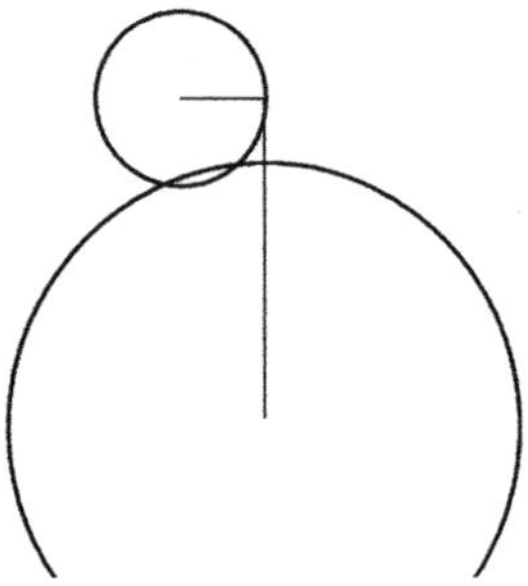

图　12-3

4）用【偏移】命令将小圆向外偏移 25mm，如图 12-4 所示。

5）用【圆】命令以两圆右侧交点为圆心画半径为 75mm 的圆，如图 12-5 所示。

6）用【修剪】命令对多余线段进行修剪，如图 12-6 所示。

7）用【镜像】命令对修剪得到的图形进行镜像，选中图形并用【合并】命令进行合并后，效果如图 12-7 所示。

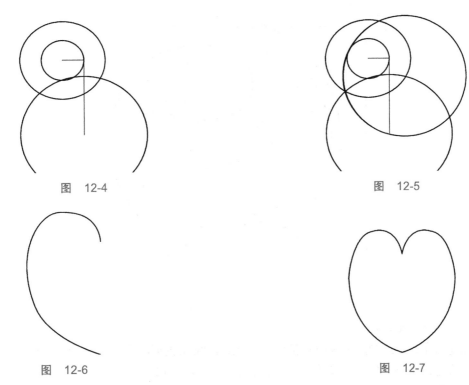

图　12-4　　　　　　　　　　　　　　　　　图　12-5

图　12-6　　　　　　　　　　　　　　　　　图　12-7

8）选择图形底端顶点，按＜空格＞键后，设置【指定比例因子】，选择【复制（C）】，分别输入【指定比例因子】为【2/3】【1/3】，如图 12-8 所示。

9）用【填充】命令进行填充，如图 12-9 所示。单击【保存】按钮，保存图形。

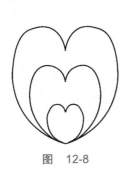

图　12-8

图　12-9

任务二　趣味图——S 图标

【分析】

打开"项目十二 02 趣味图——S 图标 .dwg"图形文件，如图 12-10 所示。绘制过程中，先用【圆】命令绘制出一半的图形，再使用【旋转】命令进行旋转并复制，最后绘制出完整的图形。

12-2　趣味图——S 图标

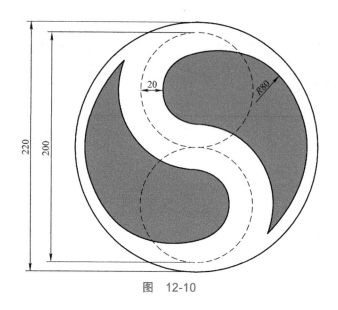

图　12-10

【步骤】

1）启动 AutoCAD2020。

2）用【圆】命令绘制两个直径分别为 200mm、220mm 的同心圆，如图 12-11 所示。

3）打开【圆】下拉列表，选择【两点】进行画圆，如图 12-12 所示。

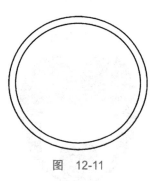

图　12-11

图　12-12

4）用【偏移】命令对上一步骤中创建的两个圆进行偏移，如图 12-13 所示。

5）打开【圆】下拉列表，选择【相切、相切、半径】进行画圆，如图 12-14 所示。

图　12-13

图　12-14

6）用【修剪】命令对多余线段进行修剪，效果如图 12-15 所示。

7）用【旋转】命令中的【复制】选项，将大圆内图形复制并旋转 180°，如图 12-16 所示。

图　12-15

图　12-16

8）用【填充】命令进行填充，最后保存图形。

任务三　趣味图——猴子

【分析】

打开"项目十二 03 趣味图——猴子 .dwg"图形文件，如图 12-17 所示。在绘图过程中，先用【椭圆】命令绘制出猴子的头，接着用【圆】【圆弧】等命令绘制出眼睛和猴身等特征，最后填充并保存图形。

12-3　趣味图——猴子图

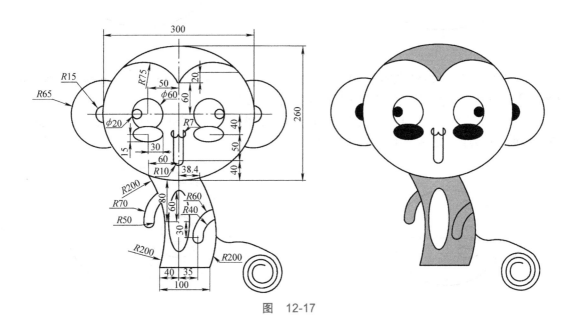

图　12-17

【步骤】

1）启动 AutoCAD2020。

2）用【椭圆】命令绘制猴子的头；再切换到中心线图层，绘制出中心线，如图 12-18 所示。

3）用【圆】命令从中心点向左追踪 60mm，以该点为圆心画直径为 60mm 的圆，再经过该圆与中心线左端交点，画直径为 20mm 的圆，作为猴子的眼睛，如图 12-19 所示。

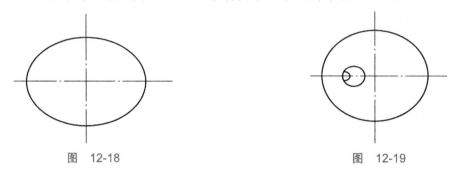

图 12-18   图 12-19

4）用【椭圆】命令从 ϕ60mm 圆心往下追踪 40mm，以该点为圆心绘制出椭圆，作为猴子眼睛下面的腮，如图 12-20 所示。

5）用【偏移】命令把水平中心线分别向上偏移 60mm 和 20mm，再用【圆弧】下拉列表中的【起点、端点、半径】命令画出猴子的发际线，如图 12-21 所示。

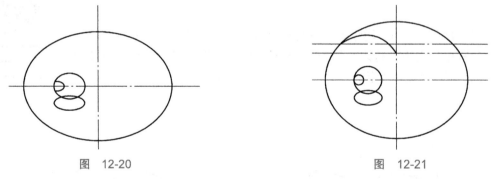

图 12-20   图 12-21

6）删除上图中的新建辅助线，用【圆】命令画出半径分别为 15mm、65 mm 的圆，再利用【修剪】命令修剪多余线段后作为猴子耳朵，如图 12-22 所示。

7）用【圆】命令画出半径分别为 7mm、10 mm 的圆，再用直线进行连接，然后利用【修剪】命令修剪后作为猴子的鼻子和嘴巴，如图 12-23 所示。

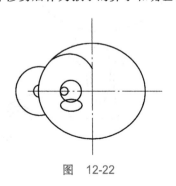
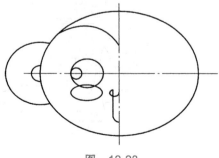

图 12-22   图 12-23

8）用【镜像】命令对以上所创建特征进行镜像，如图 12-24 所示。

9）用【直线】命令画出猴身的下端，如图 12-25 所示。

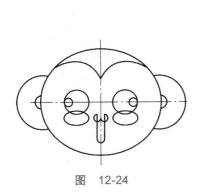

图　12-24

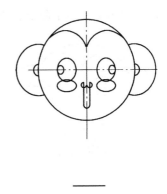

图　12-25

10）用【偏移】命令把垂直的中心线分别向左偏移 60mm 和向右偏移 40mm，再利用【圆弧】下拉列表中的【起点、端点、半径】命令画出猴身，如图 12-26 所示。

11）用【椭圆】命令画椭圆作为猴子的肚子，如图 12-27 所示。

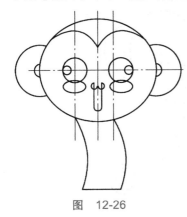

图　12-26

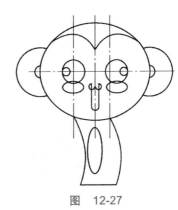

图　12-27

12）用【圆】命令画两个大圆作为猴子的手臂，再画一个小圆作为手掌，然后进行修剪，如图 12-28 所示。

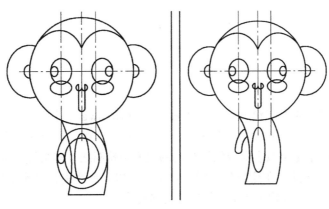

图　12-28

13）用【圆】命令画圆作为猴子的手掌，再画两个圆作为手臂，然后进行修剪，如图 12-29 所示。

14）用【样条曲线】命令绘制出猴子的尾部，如图 12-30 所示。

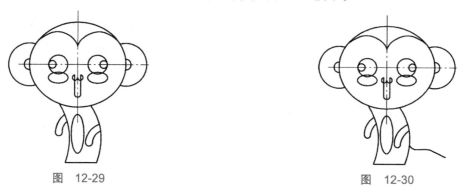

图 12-29   图 12-30

15）使用【绘图】菜单中的【螺旋】命令确定底面半径后绘制出螺旋线，然后用【旋转】命令旋转到合适的角度，再通过【移动】命令连接到猴子的尾部，如图 12-31 所示。

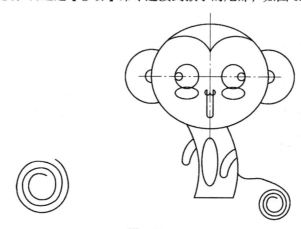

图 12-31

16）用【填充】命令进行填充，最后保存图形。

任务四　娄底潇湘职业学院校门立面图

【分析】

打开"项目十二 04 娄底潇湘职业学院校门立面图 .dwg"图形文件，如图 12-32 所示。该图形的绘制过程并不复杂，其主要由线、弧、圆组成，因此可以用【直线】、【圆】、【圆弧】命令绘制校门的立面图轮廓线，多余线段可以用【修剪】命令进行删除。在绘制门禁时，可用【偏移】命令进行多次偏移，最后使用【多行文字】命令输入文字，并设置文字大小。

12-4　娄底潇湘职业学院校门立面图

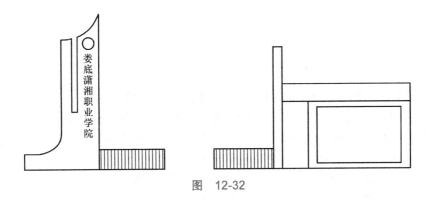

图　12-32

【步骤】

1）启动 AutoCAD2020。

2）用【直线】命令绘制校门立面图的轮廓线，如图 12-33 所示。

3）用【圆弧】命令、直线命令绘制的校门左墙弧线，如图 12-34 所示。

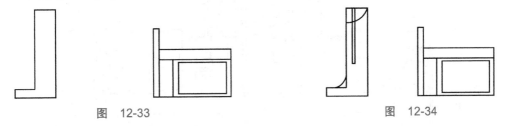

图　12-33　　　　　　　　　　　　　　　　　　　图　12-34

4）用【修剪】命令对校门左墙进行修剪，如图 12-35 所示。

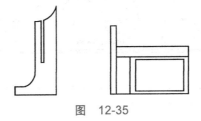

图　12-35

5）用【圆】命令、【直线】命令对校门添加墙洞和门禁，如图 12-36 所示。

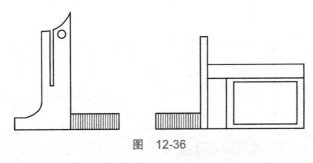

图　12-36

6）用【多行文字】命令添加垂直文字"娄底潇湘职业学院"，并设置文字字体及大小，最后保存图形。

任务五　房间平面布局图

【分析】

打开"项目十二 05 户型平面图 .dwg"图形文件，如图 12-37 所示。该图形稍复杂，主要涉及图层的设置、多段线的应用、修剪命令的使用和图块的应用。绘制过程中用【多段线】命令或【直线】命令进行偏移形成墙体，再对墙体进行复制，绘制出总体的框架。接着绘制平面图中的门窗、阳台，然后绘制电梯、楼梯，再插入图块放入家具。此户型为左右对称，所以先绘制完成左边部分，然后进行镜像即可，最后进行文字说明和标注。

12-5　户型平面图

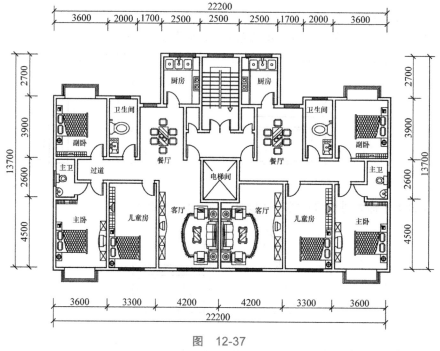

图　12-37

【步骤】

1）启动 AutoCAD，创建图层如【墙体】【阳台窗户】【家具】等，并设置好图层特性，如图 12-38 所示。

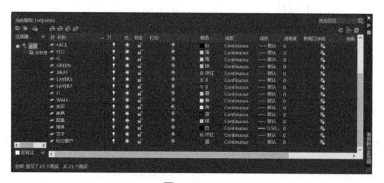

图　12-38

2）用【直线】命令在【墙体】图层中绘制一条横线，再偏移200mm作为墙体，复制墙体绘制出房间平面图框架，修剪后如图12-39所示。

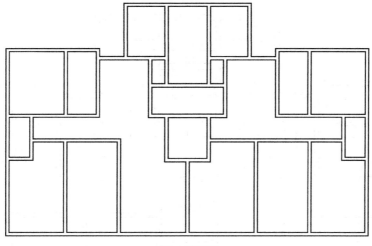

图　12-39

3）切换到相应的图层，插入相应的门窗及阳台楼梯，用【多行文字】命令输入各房间的文字说明。在此操作过程中，可利用【镜像】【旋转】【复制】命令把门放至相应位置，然后利用【修剪】命令进行修剪，如图12-40所示。

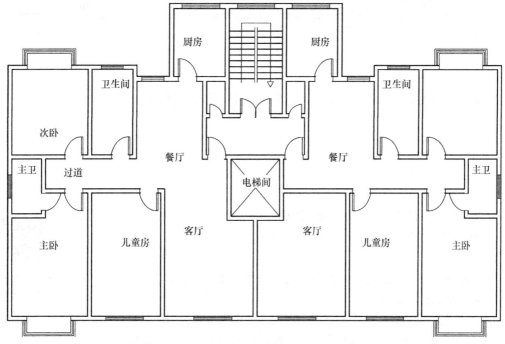

图　12-40

4）切换到家具图层，打开CAD图库，将相应的家具图块插入至平面图中，利用【旋转】命令、【缩放】命令对图块进行调整，如图12-41所示。

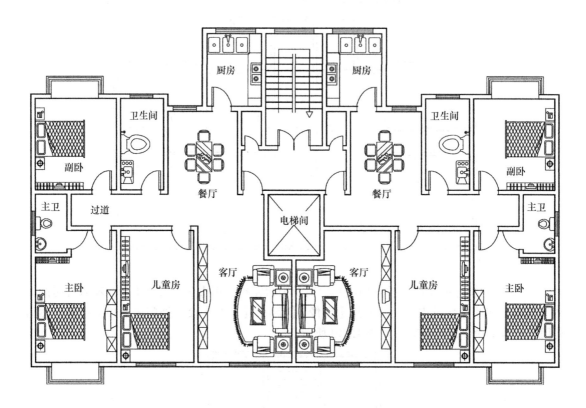

图　12-41

5）进行尺寸标注，设置尺寸文字、箭头大小等，最后保存图形。

任务六　项目拓展——绘制商品房平面图

　　打开文件"项目十二 06 商品房平面图 .dwg"图形文件，参照该图设计并绘制一套商品房的平面布局图，如图 12-42 所示。

12-6　商品房
平面图绘制

1. 绘制墙体

　　在设置了相应的图层之后，再绘制商品房平面图的墙体，为了方便绘图，统一设置墙体厚度为 240mm。

　　1）选用图层管理器中的【辅助线】图层，并将其设置为当前图层。

　　2）调用【构造线】或【直线】命令，绘制图 12-43 所示的构造线。

　　3）采用【偏移】命令，根据房间格局对上一步绘制出的构造线进行偏移处理，结果如图 12-44 所示。这一部分是绘制平面图的辅助线。对于建筑布局图来说，辅助线非常重要，将直接决定房屋最终布局的尺寸。

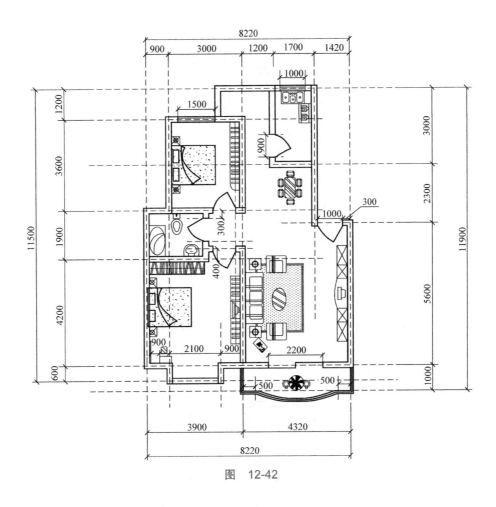

图　12-42

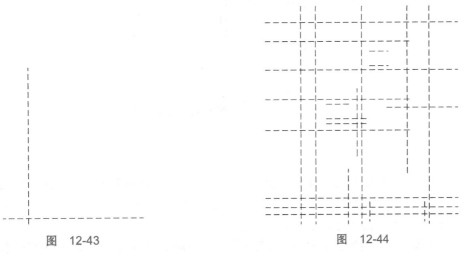

图　12-43　　　　　　　　　　　　　图　12-44

　　4）在图层管理器中选择【墙体层】图层，并将其设置为当前图层。使用【多段线】命令绘制墙体，如图 12-45 所示。

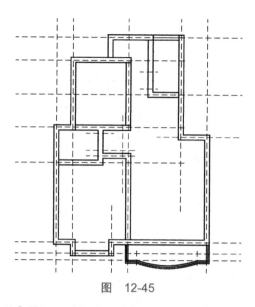

图　12-45

5）调用【分解】【偏移】等图形编辑命令编辑图形，结果如图 12-46 所示。

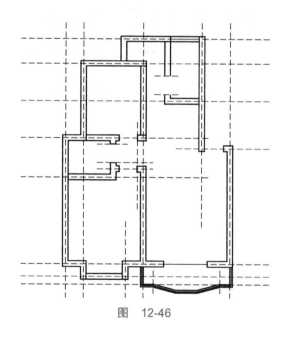

图　12-46

2. 添加门窗

门窗是房屋建筑中的围护构件。窗的主要功能是采光、通风和观望。一般居住建筑的外门宽度约为 1000mm；房间门宽为 900mm；辅助房间如浴厕、贮藏室的门宽为 600mm，高度一般为 2000mm 左右；公共建筑的门要稍大些。

在本任务中，有两种普通的门，宽度分别为 1000mm 和 900mm；有一种推拉门，宽度为 2200mm；有三种窗户，宽度分别为 1000mm、1500mm、2100mm，将门窗插入到合适的位置，如图 12-47 所示。

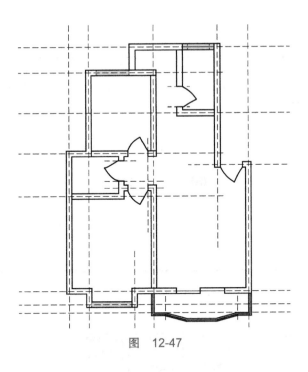

图　12-47

3. 添加家具

　　商品房的家居设施可以根据需要在设计中心和建筑图块库中找到家具图块。目前，家居设计的个性化、舒适性和实用性越来越受到人们的重视。按 <Ctrl+3> 键，将弹出【工具选项板】，在弹出面板中可选择合适的图样，如图 12-48 所示。

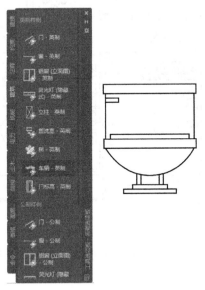

图　12-48

　　按 <Ctrl+2> 键，可弹出 AutoCAD 设计中心，如图 12-49 所示。打开图形库，找到相应的图块，将选中的图块拖到适当位置，利用【缩放】命令调整插入块的大小，完成房间内家具的绘制，结果如图 12-50 所示。

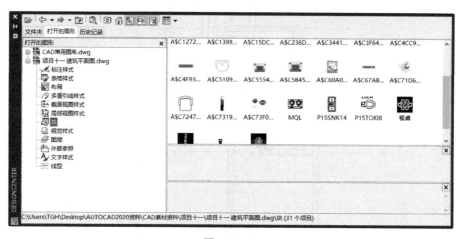

图　12-49

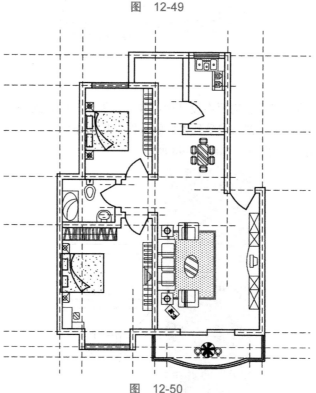

图　12-50

> **注意**：家具图块的插入可以直接到相应的图块文件中进行复制，然后再调整大小比例，进行适当旋转或镜像操作即可。

4. 标注尺寸和文字

根据建筑家居布局图特点，添加必要的尺寸和文字。在图层特性管理器中选择【标注层】图层，并将其置为当前图层。启用线性标注、连续标注等标注，对商品房平面图的尺寸进行标注。

实训　绘制室内平面图

1）打开素材"项目十二 07室内平面图.dwg"图形文件，如图12-51所示，绘制室内平面图。

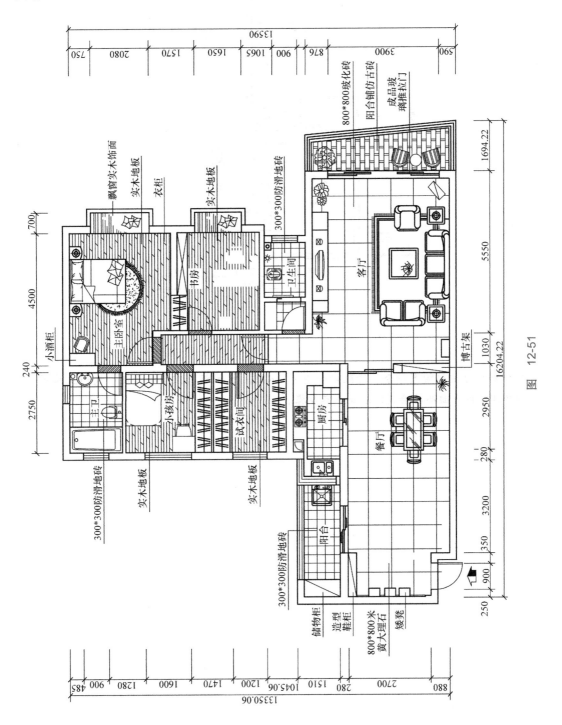

图 12-51

2）打开"项目十二 08 吊顶平面图 .dwg"图形文件，如图 12-52 所示，绘制吊顶平面图。

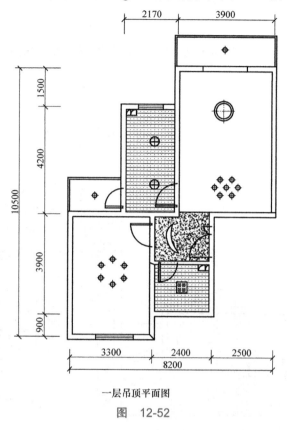

一层吊顶平面图

图 12-52

【项目小结】

本项目综合运用绘图命令、修改命令绘制三心图、S 图标、猴子平面图、校门立面图，同时详细介绍室内平面图的绘制方法及基本步骤。

项目十三

综合实例（二）——
绘制教学楼全套施工图

【学习目标】

1）掌握绘制娄底潇湘职业学院 6 栋教学楼的首层平面图、标准层平面图、顶层平面图的方法。

2）掌握使用"工程管理"面板生成楼层表数据的方法。

3）掌握绘制教学楼立面图的方法。

4）掌握绘制教学楼剖面图的方法。

5）掌握绘制教学楼三维空间图的方法。

6）了解添加图纸的方法。

天正软件是一款 CAD 辅助工具软件，集成了批处理命令、线型、字库、符号库等，给设计人员提供了很多方便。天正软件包括暖通、给排水、电气、结构、建筑等设计软件，其中，天正建筑 CAD 设计软件为我国建筑设计行业的计算机应用水平的提高以及设计生产率的提高做出了卓越的贡献。

任务一　绘制娄底潇湘职业学院 6 栋教学楼的标准层平面图

1. 绘制轴线，并轴网标注

启动天正建筑 CAD 设计软件。单击【轴网柱子】→【绘制轴网】按钮，如图 13-1 所示。打开【绘制轴网】对话框中的【直线轴网】选项卡，通过此选项卡设置直线轴网的轴间距、上下开间和左右进深等参数，即可绘制直线轴网，如图 13-2 所示。

13-1　绘制轴线，并轴网标注

图　13-1

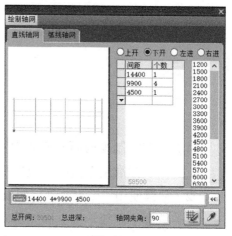

图　13-2

在本例中设置【上开】为 [10200 4200 2*9900 5700 4200 9900 4500]，【下开】为【14400 4*9900 4500】，【左进】为 [2200 7800 2700 7800]。在绘图区域插入轴线，效果如图 13-3 所示。

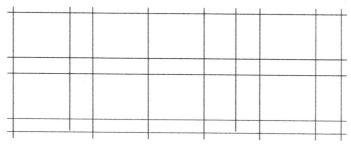

图　13-3

通过【两点轴标】命令可对始末轴线间的一组平行轴线（直线轴网与圆弧轴网的进深）或

者径向轴线（圆弧轴线的圆心角）进行轴号和尺寸标注。

单击【轴网柱子】→【轴网标注】按钮，如图13-4所示；弹出【轴网标注】对话框，可以进行双侧标注、单侧标注、对侧标注，也可以输入起始轴号，对轴号排列规则进行设置，如图13-5所示。

图　13-4

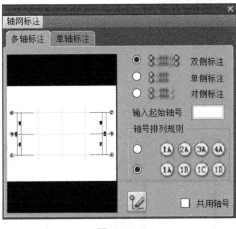

图　13-5

通过【轴网标注】对话框对完成绘制的轴线进行标注，效果如图13-6所示。

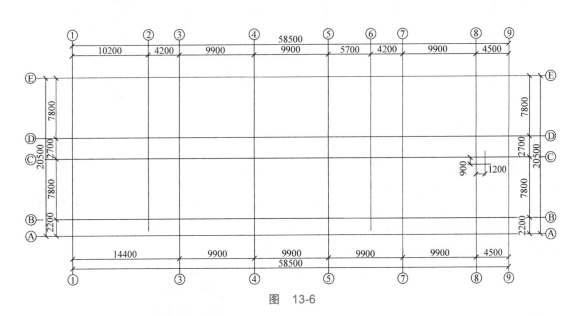

图　13-6

2. 绘制墙体

【绘制墙体】命令可用于绘制直墙和弧形墙，单击【墙体】→【绘制墙体】按钮，如图13-7所示。在弹出的【绘制墙体】对话框中设置墙体的左宽、右宽、材料等参数，如图13-8所示。再选择绘制墙体的方式，即可对已标注好的轴线进行墙体绘制，如图13-9所示。

13-2　绘制
墙体

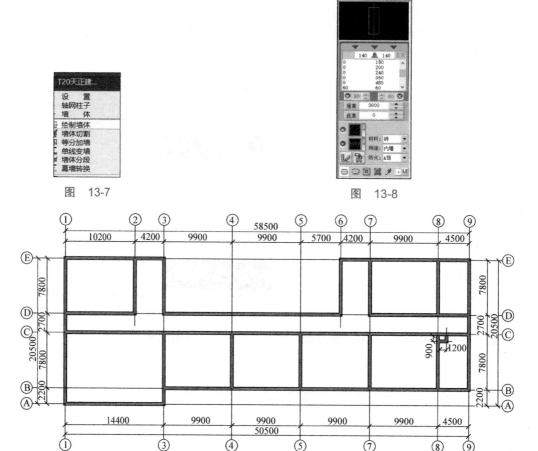

图　13-7　　　　　　　　　　　　　　　　　图　13-8

图　13-9

3. 插入双跑楼梯

用【双跑楼梯】命令可绘制建筑中常见的双跑楼梯（即由两个跑道、一个休息平台和扶手等对象组成的折叠楼梯）。

单击【楼梯其他】→【双跑楼梯】按钮，打开【双跑楼梯】对话框，通过此对话框设置双跑楼梯的参数，如图 13-10 所示。接着，在图中指定放置楼梯的位置，即可完成双跑楼梯的绘制，效果如图 13-11 所示。

13-3　插入双跑楼梯

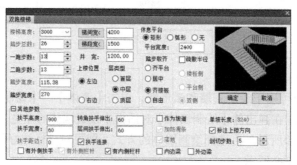

图　13-10

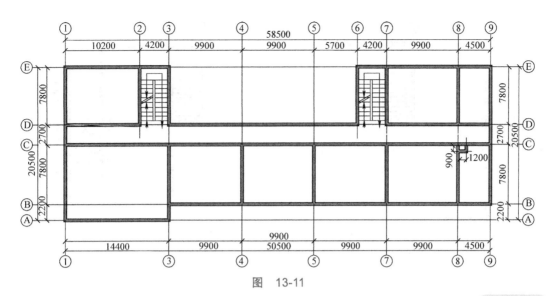

图　13-11

4. 插入门

在本例中，主要有三种类型的门。单击【门窗】→【门窗】按钮，打开【门】对话框，通过此对话框设置门的门宽、门高、门槛高等参数。

三种类型门的具体参数设置分别如图 13-12~ 图 13-14 所示。插入门的效果如图 13-15 所示。

13-4
插入门

图　13-12

图　13-13

图　13-14

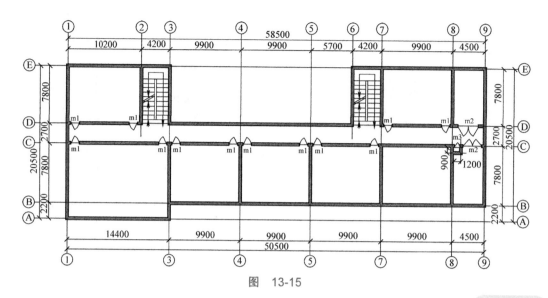

图 13-15

5. 插入窗户

在本例中，主要有三种类型的窗户。单击【门窗】→【门窗】按钮，弹出【窗】对话框，通过此对话框设置窗的窗宽、窗高、窗台高等参数，本例中设置有三种窗户，分别命名为 "c1" "c2" "c3"，三种窗户的相关参数设置分别如图 13-16~ 图 13-18 所示。插入窗户的效果如图 13-19 所示。

13-5
插入窗户

图 13-16

图 13-17

图 13-18

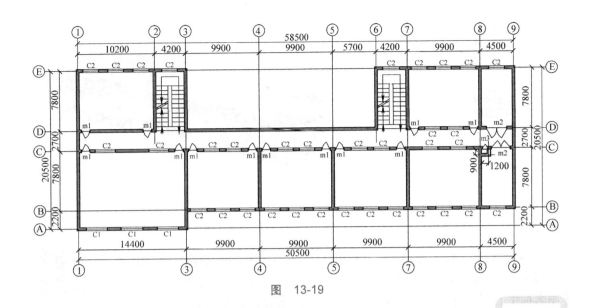

图　13-19

6. 插入教学楼课桌、卫生间图块

本例中需要插入课桌、卫生间图块。在已定义的图块中选择课桌1、课桌2、男厕、女厕，插入到合适的位置，绘图效果如图13-20所示。

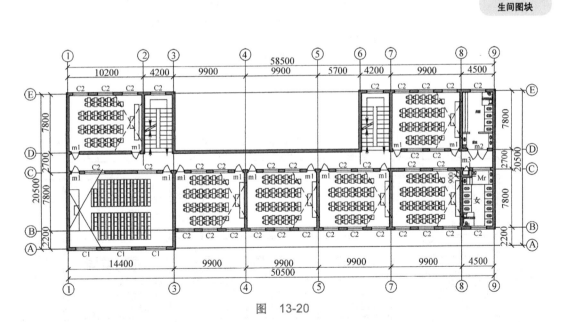

图　13-20

7. 插入教学楼楼板

每一层楼建好之后，要绘制平板如图13-21所示，单击【造型对象】→【平板】进行绘制。在绘制平板之前首先要绘制一个闭合的多段线，设置板厚向下延伸300mm，通过三维视图观看效果如图13-22所示。

13-6　插入教学楼课桌、卫生间图块

13-7　插入教学楼楼板

图 13-21

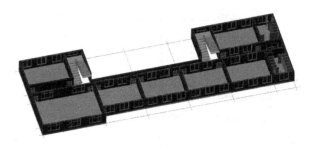

图 13-22

8. 插入图名

每一层楼建好之后，要绘制图名和图框，要有设计图的框架结构，本例只进行图名标注，具体绘制图框的方法参考项目八中相关内容。单击【符号标注】→【图名标注】，弹出【图名标注】对话框，相关参数设置如图 13-23 所示。图名标注一般放在图的正下方，如图 13-24 所示。

13-8
插入图名

图 13-23

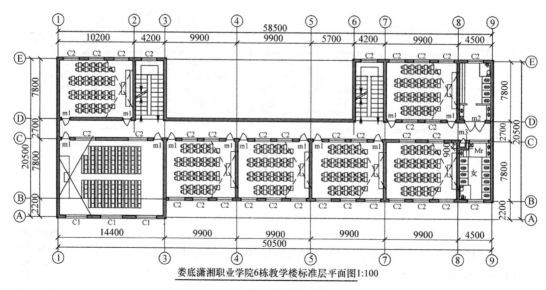

娄底潇湘职业学院6栋教学楼标准层平面图1:100

图 13-24

任务二　绘制娄底潇湘职业学院 6 栋教学楼的首层平面图

1. 删除多余墙体、门窗，修改图名

打开"项目十三 01 娄底潇湘职业学院 6 栋教学楼的标准层平面图"图形文件，删除多余墙体、门窗，修改图名为"娄底潇湘职业学院 6 栋教学楼的首层平面图"，效果如图 13-25 所示，并将文件命名为"娄底潇湘职业学院 6 栋教学楼的首层平面图 .dwg"。

13-9　删除多余墙体、门窗，添加楼板，修改图名

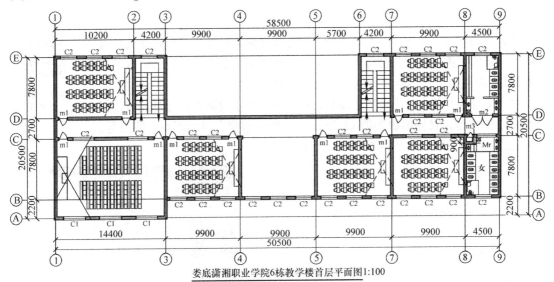

娄底潇湘职业学院6栋教学楼首层平面图1:100

图　13-25

2. 绘制首层门庭

一楼有一个大厅，在大厅之前有一个敞开式的门庭和四根大的柱子，柱子上有一块平板。单击【轴网柱子】→【标准柱】按钮，如图 13-26 所示；弹出【标准柱】对话框，相关参数设置如图 13-27 所示，绘制完成的柱子效果如图 13-28 所示。

13-10　绘制首层门庭

图　13-26

图　13-27

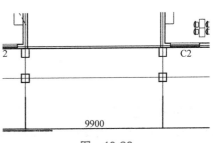

图　13-28

绘制柱子后，再绘制矩形平板，效果如图 13-29 所示。

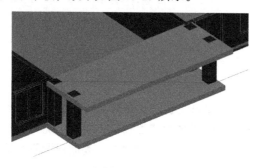

图　13-29

3. 绘制首层台阶

当建筑物室内、外地坪存在高差时，可在建筑物入口处设置台阶作为建筑物室内、外的过渡。使用【台阶】命令可以采用预定样式直接绘制台阶或根据已有的轮廓线生成台阶。台阶可以自动遮挡散水。

单击【楼梯其他】→【台阶】按钮，打开【台阶】对话框，通过此对话框选择台阶的类型，具体参数如图 13-30 所示，然后指定台阶的起点、终点等，即可完成台阶的绘制，效果如图 13-31 所示。

13-11　绘制首层台阶

图　13-30

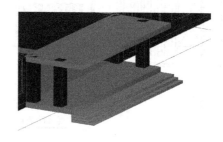

图　13-31

4. 绘制首层散水

散水是在房屋外墙的外侧，用不透水材料做出具有一定宽度且向外倾斜的保护带，其作用是防止墙根处积水。使用【散水】命令可自动搜索外墙线绘制散水。

单击【楼梯其他】→【散水】按钮，打开【散水】对话框，如图 13-32 所示，设置散水的参数。

13-12　绘制首层散水

图　13-32

在本例中，进行散水绘制之前，首先用多段线绘制好路径，然后单击【散水】命令，设置好散水宽度、偏移距离以及室内外高差等参数，最终效果如图 13-33 所示。

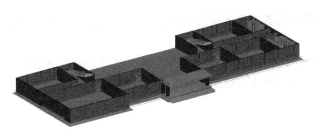

图　13-33

5.修改楼梯为首层

选择首层平面图中的双跑楼梯，单击鼠标右键，在弹出的右键菜单中选择【对象编辑】，如图 13-34 所示；在弹出的【双跑楼梯】对话框中修改【层类型】为【首层】，如图 13-35 所示。

13-13　修改
楼梯为首层

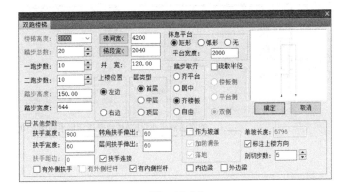

图　13-34　　　　　　　　　　　　　　图　13-35

设置双跑楼梯的层类型为首层的平面视图效果如图 13-36 所示。

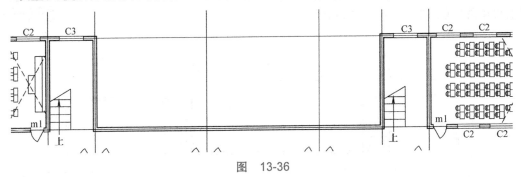

图　13-36

任务三　绘制娄底潇湘职业学院 6 栋教学楼的顶层平面图

1.修改双跑楼梯，修改图名

打开"项目十三 01 娄底潇湘职业学院 6 栋教学楼的标准层平面图"图形文件，修改图名为"娄底潇湘职业学院 6 栋教学楼的顶层平面图"，并将文件重命名为"娄底潇湘职业学院 6 栋教学楼的顶层平面图 .dwg"。

选择顶层平面图中的双跑楼梯，单击鼠标右键，在弹出的右键菜单中选择【对象编辑】；弹出【双跑楼梯】对话框，修改【层类型】为【顶层】，效果如图 13-37 所示。

13-14 修改双跑楼梯，修改图名顶层

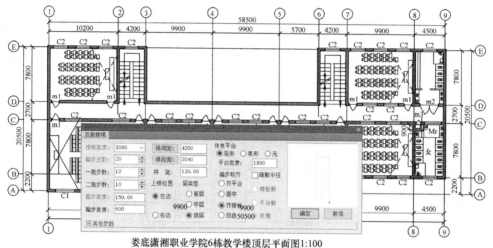

娄底潇湘职业学院6栋教学楼顶层平面图1:100

图 13-37

2. 删除多余的墙体、门窗、卫生间和课桌等

在本例中，教学楼的顶层没有做阁楼设计，需要删除多余的墙体、门窗、卫生间和课桌等，效果如图 13-38 所示。

13-15 删除顶层多余的墙体、门窗、卫生间和课桌

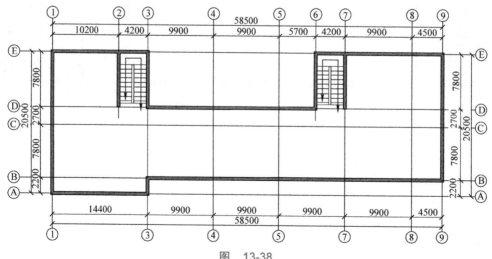

图 13-38

3. 绘制教学楼顶层楼梯间的房子

在工程制图中，楼梯间顶部突出屋面的部分称为轿顶。其作用如下：

1）屋顶起到防水、隔热、抗雨雪荷载以及防止雨水淋到楼梯间内的作用。

2）四周墙体起到围护楼梯间、防风、防止屋顶雨水直接进入楼梯间的作用。

本例中楼梯间的房子高度一般为 2500mm，创建完轿顶的效果如图 13-39 所示。

13-16　绘制教学楼顶层楼梯间的房子

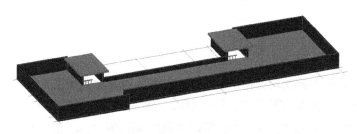

图　13-39

4. 绘制女儿墙

女儿墙（孙女墙）是建筑物屋顶四周围的矮墙，主要作用除维护安全外，也会在底处施作防水压砖收头，以避免防水层渗水或屋顶雨水漫流。依国家建筑规范规定，上人屋面女儿墙高度一般不得低于 1.1m，最高不得大于 1.5m。

上人屋顶的女儿墙的作用是保护人员的安全，并对建筑立面起装饰作用。不上人屋顶的女儿墙的作用除立面装饰外，还有固定油毡的作用。

本例中的女儿墙高度为 1200mm，可通过选中墙体对象来进行设置，效果如图 13-40 所示。

13-17　绘制顶层女儿墙

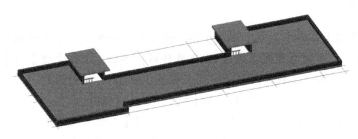

图　13-40

任务四　创建建筑项目工程管理——楼层表

13-18　创建建筑项目工程管理——楼层表

打开天正建筑软件，单击【文件布图】→【工程管理】→【工程管理】→【新建工程项目名称】，将文件名改为"娄底潇湘职业学院 6 栋教学楼项目"，如图 13-41 所示。

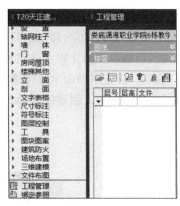

图　13-41

　　本例中每个楼层的平面图均保存在独立的图纸文件中，可以利用【工程管理】面板中的【楼层】设置区中的【选择标准层图形文件】对话框，完成该楼层信息的创建，如图 13-42 所示。

图　13-42

 小技巧

　　在【工程管理】界面中完成【楼层】参数设置后，会生成"娄底潇湘职业学院 6 栋教学楼 .tpr"文件，当下次打开天正建筑 CAD 软件时，单击【工程管理】→【打开工程项目名称】，可以直接导入"娄底潇湘职业学院 6 栋教学楼 .tpr"文件的所有数据资料包，并能对未完成的功能项目进行补充与修改，做到方便、快捷、实用。

　　如果多个平面图在同一个图纸文件中，可以利用【工程管理】面板中的【楼层】设置区中的【在当前图中窗选楼层范围，同一个文件夹中可布置多个楼层平面】按钮，完成该楼层信息的创建。

任务五　生成建筑三维空间图——创建教学楼 3D 效果图

13-19　生成建筑三维空间图——创建教学楼 3D 效果图

　　在图 13-43 所示的工程管理项目中，单击【楼层】中的【三维组合建筑模型】工具按钮，即可创建 3D 效果图。在图 13-44 所示的【楼层组合】对话框中，可选择【分解成实体模型】（ACIS），或【以外部参照方式组合三维】，将生成的效果图保存到对应的文件夹中，并命名为"娄底潇湘职业学院 6 栋教学楼 3D 效果图 .dwg"，如图 13-45 所示。对生成的效果图进行着色，如图 13-46 所示。

图　13-43

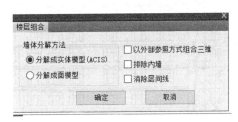

图　13-44

图　13-45

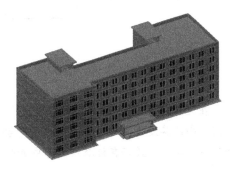

图　13-46

任务六　生成建筑立面图——创建教学楼立面图

在图 13-47 所示的工程管理项目中，单击【楼层】中的【建筑立面】工具按钮，选择生成立面的方向，再选择出现立面图中的轴线，打开图 13-48 所示的【立面生成设置】对话框。通过此对话框设置消隐计算的方式、立面标注形式以及出图比例等参数，即可创建立面图。将生成的效果图保存到对应的文件夹中，并命名为"娄底潇湘职业学院 6 栋教学楼正立面效果图 .dwg"，如图 13-49 所示。

13-20　生成建筑立面图——创建教学楼立面图

图　13-47

图　13-48

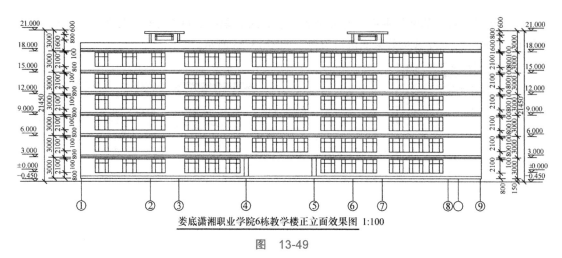

娄底潇湘职业学院6栋教学楼正立面效果图 1:100

图　13-49

小技巧

　　在天正建筑 CAD 的【工程管理】中生成的立面图或剖面图，因为计算机硬件或软件的原因，导致其发生局部失真或文字符号丢失，需要操作者运用天正建筑 CAD 软件及时修正并保存。其次，最好在标准层图形中开始选择即将在立面图中生成的轴线。

任务七　生成建筑剖面图——创建教学楼剖面图

13-21　生成建筑剖面图——创建教学楼剖面图

　　在图 13-50 所示的工程管理项目中，单击【楼层】中的【建筑剖面】工具按钮，选择生成剖面图的剖切符号，再选择出现在立面图中的轴线，打开图 13-51 所示的【剖面生成设置】对话框。通过此对话框设置消隐计算的方式、剖面标注形式以及出图比例等参数，即可创建剖面图。将生成的效果图保存到对应的文件夹中，并命名为"娄底潇湘职业学院 6 栋教学楼 1-1 剖面效果图 .dwg"，如图 13-52 所示。

图　13-50

图　13-51

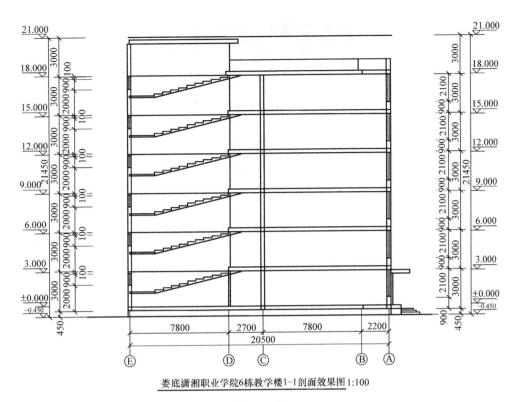

娄底潇湘职业学院6栋教学楼1-1剖面效果图1:100

图 13-52

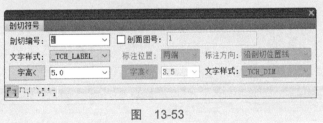

小技巧

在生成剖面图时，首先要单击【符号标注】→【剖切符号】，弹出图 13-53 所示的【剖切符号】对话框，可设置剖切线的类型和编号等。

图 13-53

任务八 生成门窗表——创建教学楼门窗表

在图 13-54 所示的工程管理项目中，单击【楼层】中的【门窗总表】工具按钮，在新建图形文件中再插入门窗表，如图 13-55 所示。将图形文件保存为"娄底潇湘职业学院 6 栋教学楼门窗表 .dwg"。

13-22 生成门窗表——创建教学楼门窗表

图　13-54

门窗表

类型	设计编号	洞口尺寸(mm)	数量				图集选用			备注
			1	2~6	7	合计	图集名称	页次	适用型号	
普通门	m1	1200X2100	10	12X5=60		70				
	m2	2800X2100	1	1X5=5		6				
	m3	800X2100	1	1X5=5		6				
普通窗	C1	2700X2100	5	5X5=25		30				
	C2	2100X2100	25	30X5=150		175				
	C3	2100X900	2	2X5=10		12				
洞口		900X1800	4	4X5=20		24				

图　13-55

任务九　在工程管理项目中添加多张图纸

在工程管理项目中，单击【图纸】中各个项目，添加相应的图纸，效果如图 13-56 所示。

13-23　在工程管理项目中添加多张图纸

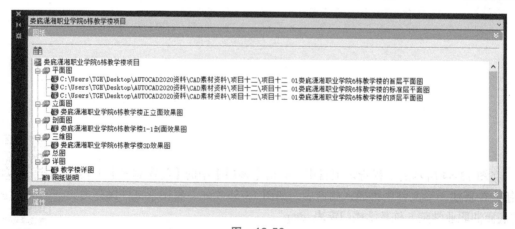

图　13-56

实训　绘制别墅立面图和三维效果图

1）打开【天正选项】对话框，选择【基本设定】选项卡，在【图形设置】中设置【当前比例】为【100】，【当前层高】为【3000】。

2）创建轴线，生成轴网，并进行轴网标注，如图13-57所示。绘制直线轴网的参数为【上开】为【3800，2000，3800】，【下开】为【1300，2200，3300，2800】，【左进】为【1300，4600，5000】。

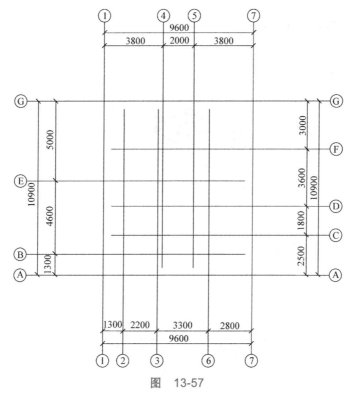

图　13-57

3）绘制墙体、柱子，并插入门窗、双跑楼梯和阳台，然后进行渲染，如图13-58所示。

4）创建散水，插入台阶，如图13-59所示。

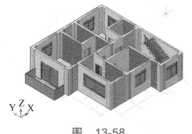

图　13-58

图　13-59

5）创建露台楼板，效果如图13-60所示。

6）绘制屋顶，效果如图13-61所示。

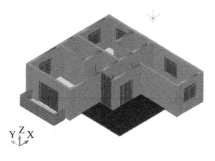

图　13-60

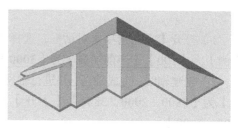

图　13-61

7）生成别墅三维效果图，如图 13-62 所示。

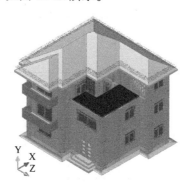

图　13-62

8）生成别墅立面图，如图 13-63、图 13-64 所示。

别墅左立面图1:100

图　13-63

9）生成别墅剖面图，如图 13-65 所示。

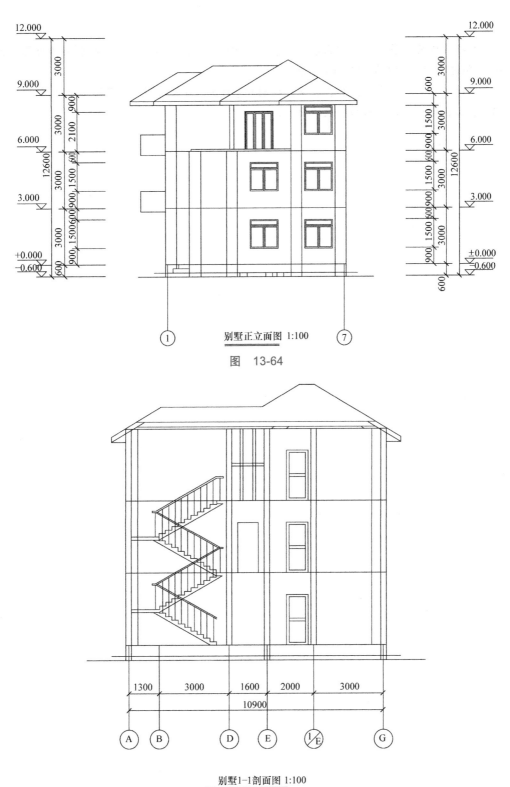

别墅正立面图 1:100

图　13-64

别墅1-1剖面图 1:100

图　13-65

【项目小结】

1）本项目以绘制娄底潇湘职业学院教学楼为案例，绘制标准层、首层和顶层平面图，在每一层的绘制过程中，对不同细节进行介绍。

2）新建工程管理并生成楼层表数据，绘制教学楼的 3D 效果图、立面图和剖面图。

3）在工程管理项目中添加相应的图纸。

项目十四

建筑类综合实例

【学习目标】

1）熟悉绘制建筑 CAD 图样考核要求。

2）掌握绘制办公楼一层平面图的方法。

3）掌握绘制办公楼立面图的方法。

4）掌握绘制办公楼剖面图的方法。

任务一　　绘制建筑 CAD 图样考核要求

任务及要求

1. 工作任务

识读给定的建筑平面图样，在计算机上用 CAD（或天正 CAD）绘制所给图样，绘制完成后以 ".dwg" 格式保存到考试文件夹。

2. 绘图要求（未作特别说明的均参照国家制图标准）

（1）线

① 线宽统一为：粗线 0.7mm，中粗线 0.5mm，中线 0.35mm，细线 0.18mm。

② 线宽、线型的设置根据《房屋建筑 CAD 制图统一规则》中的要求进行设计。

（2）字体

① 尺寸、轴号、标高符号等标注字体样式统一采用 hztxt 字体。

② 其他文字采用仿宋体，宽高比取 0.7。

③ 文字高度根据制图规范视图纸大小自行确定字号，要求打印出来后的字体美观大方，清晰可见。

（3）符号

① 轴线编号圆圈直径统一为 8mm，圆心距总尺寸线 8~12mm。

② 标高符号为等腰直角三角形，三角形的高度为 3mm。

③ 索引符号圆圈的直径为 10mm；详图符号圆圈的直径为 14mm。

（4）比例　采用 1∶100 比例绘制。

3. 考核时间

3 小时。

4. 操作人数

1 人。

5. 考核内容及评分标准

考核项目的评价包括职业素养与操作规范（表 14-1）、作品（表 14-2）两个方面，总分为 100 分。其中，职业素养与操作规范占该项目总分的 20%，作品占该项目总分的 80%，详见表 14-3。职业素养与操作规范、作品两项考核均需合格，总成绩才能评定为合格。

表 14-1　职业素养与操作规范评分表

考核内容	评分标准	标准分 100	得分	备注
职素养与操作规范	清查给定的资料是否齐全，检查计算机运行是否正常，检查软件运行是否正常，做好工作前准备	20		出现明显失误造成图样、计算机、工具书和记录工具严重损坏等；严重违反考场纪律，造成恶劣影响的，本大项记 0 分
	文字、图表作业应字迹工整、填写规范	20		
	严格遵守考场纪律	20		
	不浪费材料，不损坏考试工具及设施	20		
	任务完成后，整齐摆放图样、工具书、记录工具、凳子、整理工作台面等	20		
	总分			

表 14-2 作品评分表

序号	考核内容	评分标准	标准分 100	得分	备注
1	熟练操作 CAD 软件	在给定时间内完成全部绘图任务（20）	40		没有完成总工作量的 50% 以上，本大项记 0 分
		布图适中、清晰、美观（3 分）			
		新建绘图文件并命名（2 分）			
		设置坐标系（1 分）			
		设置绘图单位为 mm（2 分）			
		按要求设置字体（5 分）			
		按要求设置相关符号（5 分）			
		按照要求格式保存绘制图样到指定文件夹（2 分）			
2	制图要求及投影关系	选择合适的图幅（2 分）	50		
		绘制标题栏并书写齐全（2 分）			
		图框线型准确（2 分）			
		图样线型、线宽符合要求（10 分）			
		轴线标注准确，包括线型、线宽、轴线根数、轴线编号等（10 分）			
		尺寸标注准确、完整（10 分）			
		符号标注、文字说明完整、准确，如索引符号、引出说明线、标高符号、文字说明字体、高度等均符合制图要求（10 分）			
		投影关系正确（2 分）			
		比例按要求设置（2 分）			
3	图层、颜色	用图层清晰区分图样各部分，便于识读（5 分）	10		
		各构件颜色协调、美观大方（5 分）			
	总分				

表 14-3 评分总表

职业素养与操作规范得分（权重系数 0.2）	作品得分（权重系数 0.8）	总分

任务二 绘制办公楼一层平面图

【分析】

打开"项目十四 01 办公楼一层平面图 .dwg"图形文件，如图 14-1 所示。本任务详细介绍了绘制办公楼一层平面图的基本步骤以及相关的绘图、修改命令。

14-1 绘制轴网及墙体

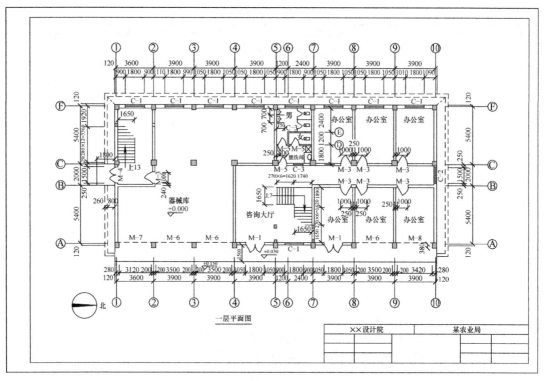

图　14-1

【步骤】

1）启动 AutoCAD2020。

2）单击【图层特性】按钮，在弹出的【图层特性管理器】对话框中单击【新建】按钮，在弹出的对话框中新建多个图层，并设置相应的图层属性，如图 14-2 所示。

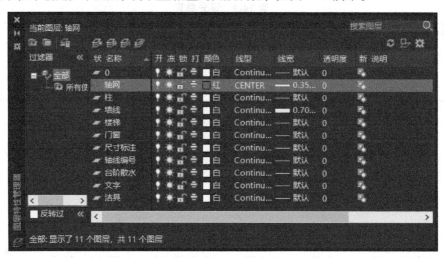

图　14-2

3）将【轴网】图层设置为当前图层，使用【直线】命令给建筑平面图绘制定位轴线，首先绘制一条水平和竖直轴线，轴线间尺寸可使用【偏移】命令进行复制，如图 14-3 所示。

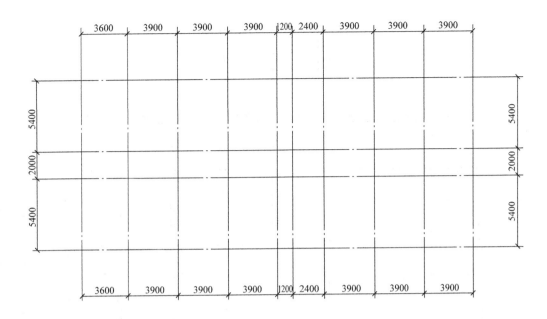

图　14-3

4）设置【墙线】图层为当前图层，使用【多线】命令绘制墙线。在绘制之前需要设置【比例】【对正】两个参数。单击【修改】→【对象】→【多线】，弹出【多线编辑工具】对话框，针对不同的多线交叉情况选用多线编辑工具去除所有多余线段，如图14-4所示。

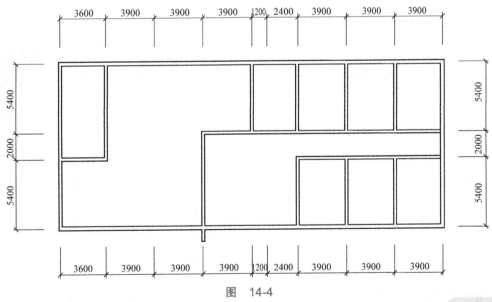

图　14-4

5）设置【柱】图层为当前图层，绘制框架柱及构造柱。利用【矩形】命令绘制柱平面图并填充颜色，尺寸如图14-5所示。接着使用【复制】命令将框架柱及构造柱复制到相应的轴线位置，如图14-6所示。

14-2
插入柱子

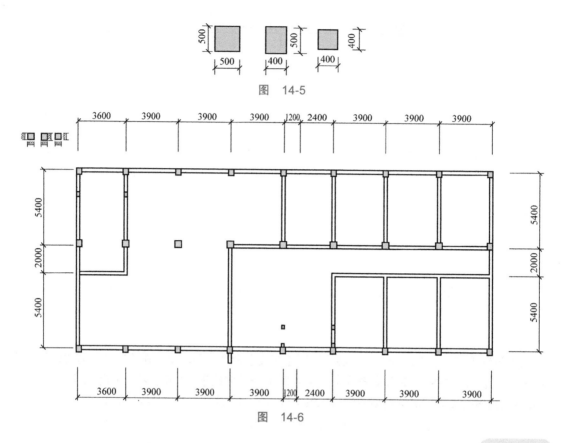

图 14-5

图 14-6

6）利用【直线】和【修剪】命令在墙体上开出门窗洞口，如图 14-7 所示。

14-3
插入窗

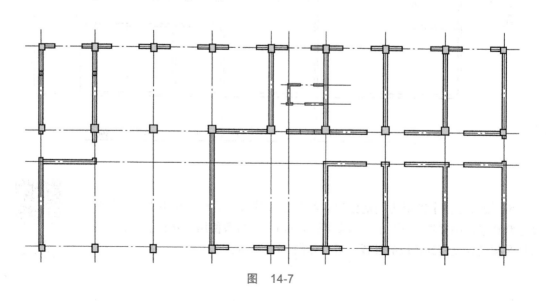

图 14-7

14-4
插入门

7）设置【门窗】图层为当前图层，绘制相应的门和窗，并分别定义为块。通过【插入块】命令将门窗插入到相应的位置，如图 14-8 所示。

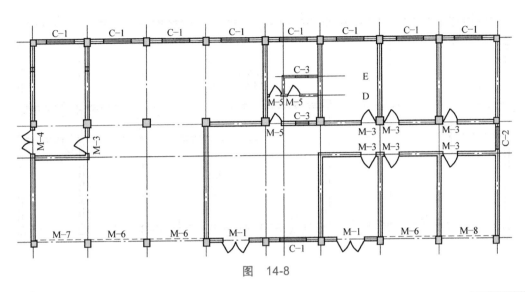

图 14-8

14-5
插入楼梯

8）设置【楼梯】图层为当前图层，利用【直线】和【复制】等命令绘制楼梯，如图 14-9 所示。

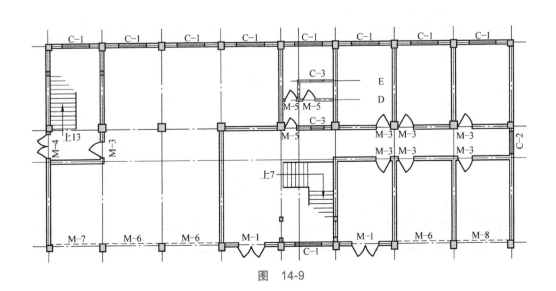

图 14-9

9）利用【直线】和【多段线】等命令绘制洁具、隔断、隔板，如图 14-10 所示。

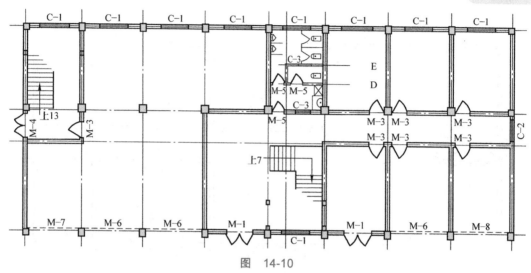

图 14-10

10）设置【台阶散水】图层为当前图层，利用【直线】和【偏移】等命令绘制台阶散水，如图 14-11 所示。

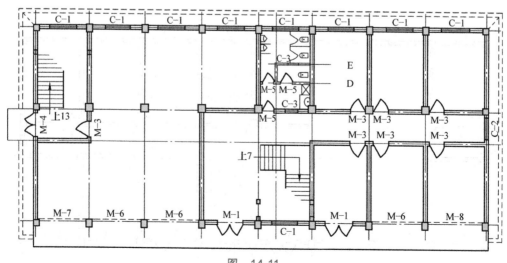

图 14-11

11）将【尺寸标注】图层设置为当前图层，首先设置标注样式，然后使用【线性标注】命令标注第一个尺寸，再使用【连续标注】命令连续捕捉外墙门窗的洞边线及同侧的所有轴线，最后按 <Enter> 键即可。设置相应的图层，输入编号数字及文字，根据水平尺寸选择 A2 图幅绘制图框及标题栏，如图 14-1 所示。最后保存图形文件。

14-8
尺寸标注

任务三　绘制办公楼立面图

【分析】

打开"项目十四 02 办公楼立面图 .dwg"图形文件，如图 14-12 所示。本任务详细介绍了绘制办公楼立面图的基本步骤以及相关的绘图、修改命令。

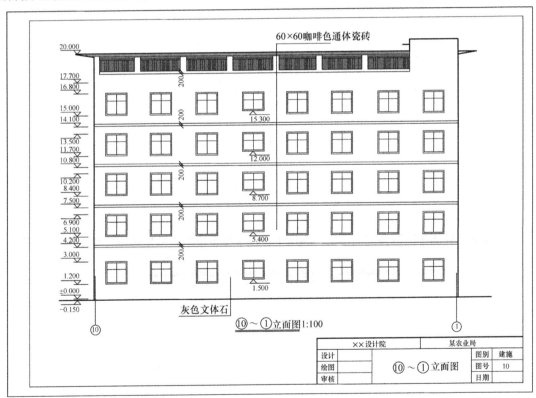

图　14-12

【步骤】

1）启动 AutoCAD2020。

2）单击【图层特性】按钮，在弹出的【图层特性管理器】对话框中单击【新建】按钮，创建相应的图层，并设置图层属性，如图 14-13 所示。

14-9　办公楼
立面图

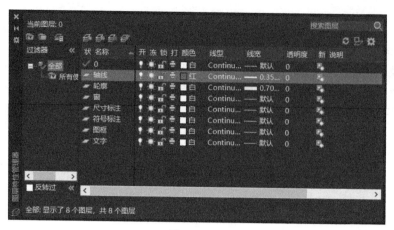

图　14-13

3）将【轴线】图层设置为当前图层，使用【直线】命令，绘制一条竖直轴线，其余轴线利用【偏移】命令绘制完成，如图 14-14 所示。

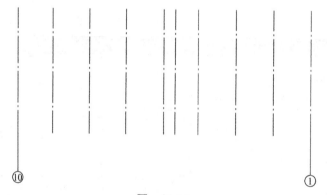

图　14-14

4）设置【轮廓】图层为当前图层，利用【直线】命令绘制立面轮廓线，如图 14-15 所示。

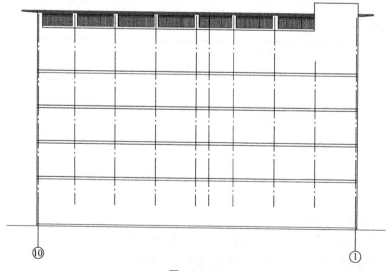

图　14-15

5）设置【窗】图层为当前图层，利用【矩形】和【直线】命令绘制图 14-16 所示两种类型的立面窗。

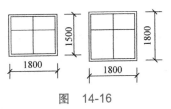

图　14-16

6）将绘制好的窗创建为块，块的基点设置为窗左下角顶点，如图 14-17 所示。

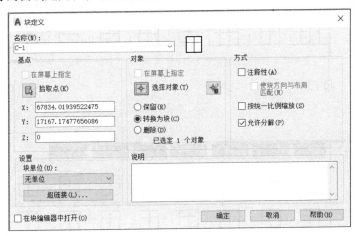

图　14-17

7）首先利用【直线】和【偏移】命令确定一层立面窗左下角顶点的定位点，如图 14-18 所示。接着通过【插入块】命令完成一层的立面窗的绘制，如图 14-19 所示。最后使用【复制】命令完成其他层立面窗的绘制，效果如图 14-20 所示。

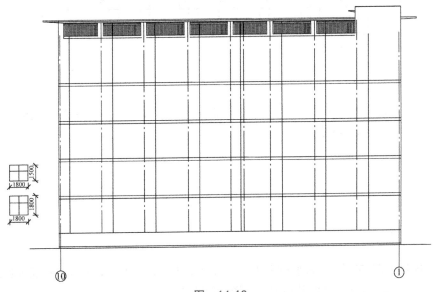

图　14-18

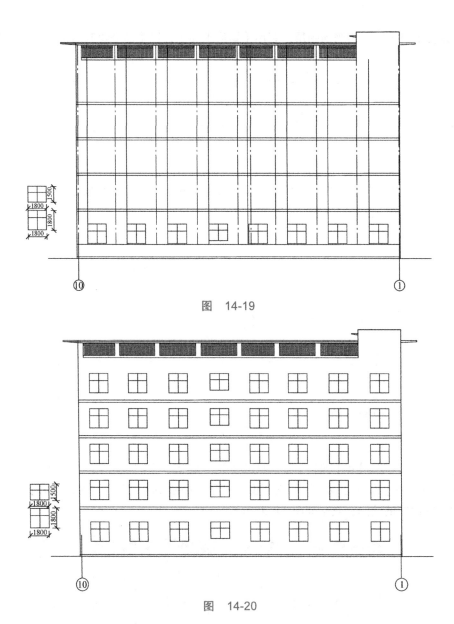

图　14-19

图　14-20

8）对绘制好的图形进行尺寸标注，并添加标高符号和文字，绘制图框及标题栏，如图 14-12 所示。最后保存图形文件。

任务四　项目拓展——绘制办公楼剖面图

【分析】

打开"项目十四 03 办公楼剖面图 .dwg"图形文件，如图 14-21 所示。本任务详细介绍了绘制办公楼剖面图的基本步骤以及相关的绘图、修改命令。

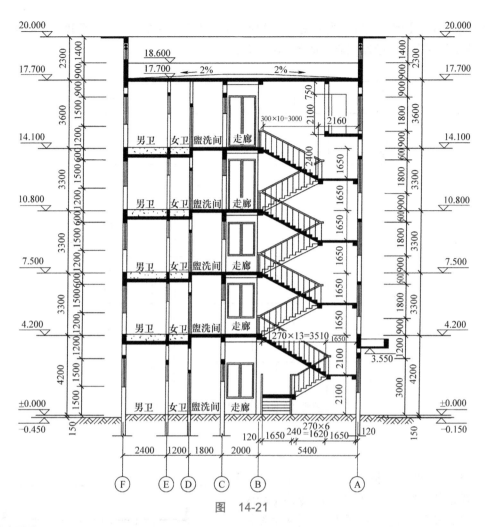

图　14-21

【步骤】

1）启动 AutoCAD2020。

2）单击【图层特性】按钮，在弹出的【图层特性管理器】对话框中单击【新建】按钮，创建相应的图层，并设置图层属性，如图 14-22 所示。

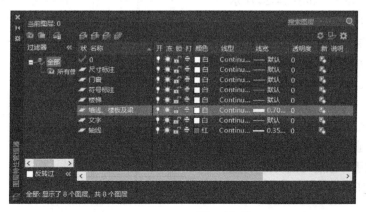

14-10　绘制轴线、剖面墙、剖面门窗、立面门窗

图　14-22

3）将【轴线】图层设置为当前图层，并使用【直线】命令绘制一条水平和竖直轴线，其余轴线利用【偏移】命令绘制完成，如图 14-23 所示。

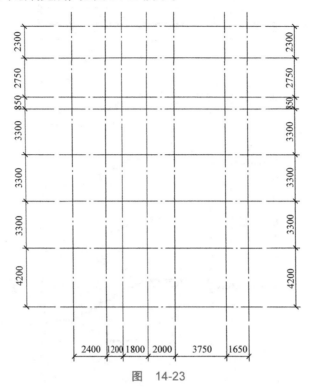

图　14-23

4）绘制墙线、楼板及梁。首先将【墙线】图层设置为当前图层，使用【多线】命令绘制墙线，在绘制之前需要设置【比例】和【对正】两个参数。接着执行菜单命令【修改】→【对象】→【多线】，弹出【多线编辑工具】对话框中，针对不同的多线交叉情况选用多线编辑工具。最后对墙开出门窗洞口，对楼板及梁进行填充，如图 14-24 所示。

5）绘制剖面、立面门窗及过梁。首先将【门窗】图层设置为当前图层，接着利用【直线】命令绘制剖面及立面门窗并将其创建为块，最后通过【插入块】命令插入相应的门窗块，完成图 14-25 所示的图形。

6）绘制楼梯，首先将【楼梯】图层设置为当前图层，接着使用【直线】命令绘制梯段、左右休息平台、栏杆、扶手，最后对剖切部分进行填充，效果如图 14-26 所示。

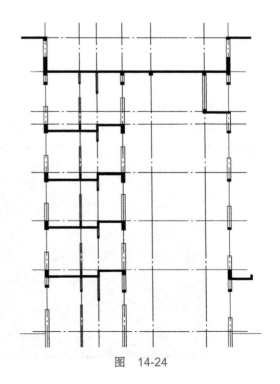

图　14-24

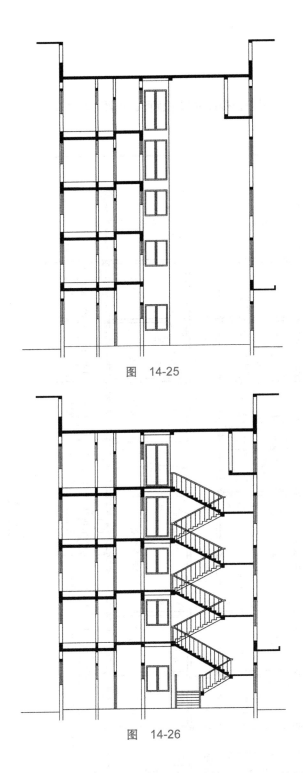

图　14-25

14-11　绘制剖面楼梯及双线楼板

图　14-26

7）首先在图层工具栏中进行图层切换，分别切换到尺寸图层、符号标注图层及文字图层，在相应图层中绘制标高符号，进行尺寸标注，添加或修改文字，最终效果如图 14-21 所示。最后保存图形文件。

14-12　文字、尺寸标注

实训　绘制办公楼和楼梯平面图

1）根据尺寸要求，绘制办公楼标准层平面图，如图 14-27 所示。

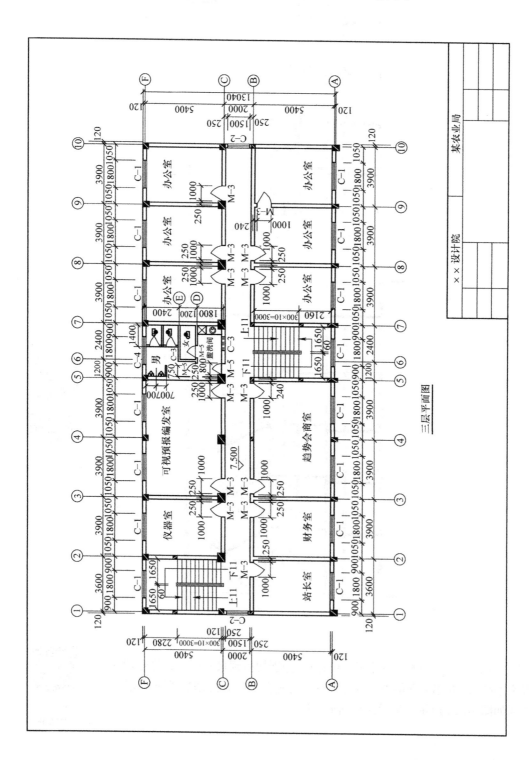

图 14-27

2）根据尺寸要求，绘制办公楼屋顶平面图，如图 14-28 所示。

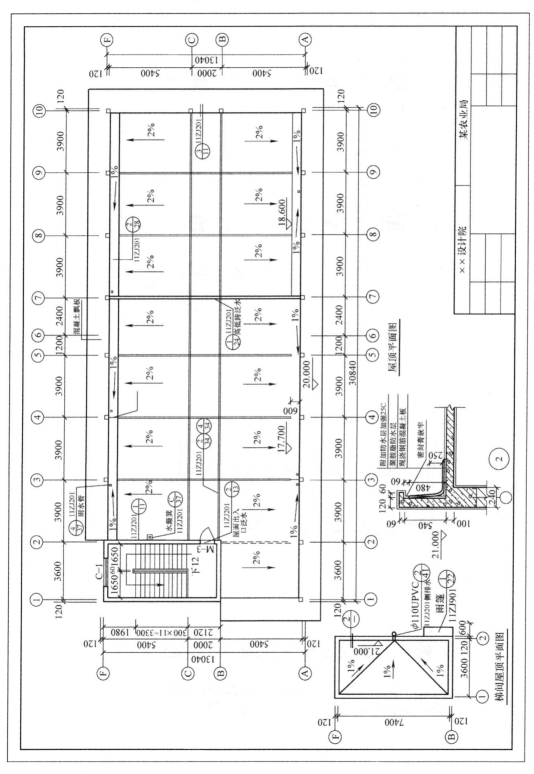

图 14-28

3）根据尺寸要求，绘制一层楼梯平面图，如图 14-29 所示。

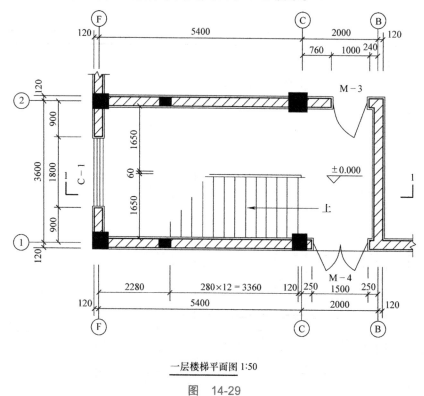

一层楼梯平面图 1:50

图　14-29

4）根据尺寸要求，绘制二层楼梯平面图，如图 14-30 所示。

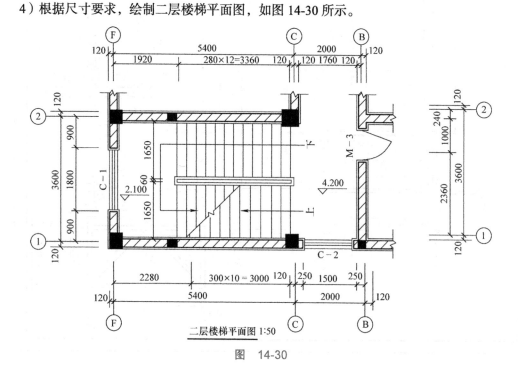

二层楼梯平面图 1:50

图　14-30

5）根据尺寸要求，绘制三～五层楼梯平面图，如图14-31所示。

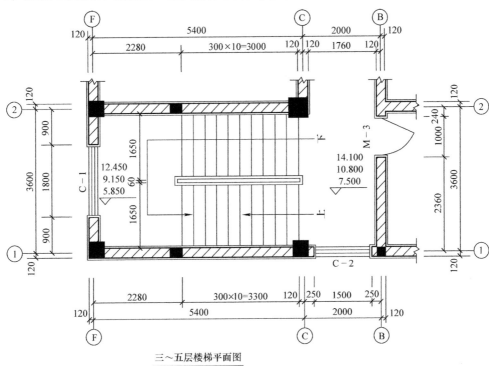

三～五层楼梯平面图

图　14-31

【项目小结】

　　了解建筑绘图技能评分标准，严格遵守建筑绘图方面的要求，掌握使用 AutoCAD 绘制办公楼一层平面图、办公楼立面图、办公楼剖面图的基本步骤及方法，在绘制建筑工程图过程中要一定要认真仔细。

项目十五
机械类综合实例

【学习目标】

1）了解机械制图的基础知识。

2）掌握绘制轴类零件图的方法。

3）掌握绘制盘类零件图的方法。

任务一　机械制图的基础知识

机械制图是机械工程的语言，用图样表示机械产品的结构形状、尺寸大小、工作原理和技术要求，是机械设计与制造的基础，每一个从事机械行业的专业技术人员都应该掌握机械制图。使用 AutoCAD 软件进行机械制图前，要先学好机械制图，下面介绍机械制图的基础知识。

1. 绘制 CAD 机械图样前的准备工作

1）学习机械制图，要注意培养自己的空间想象力，要多看物体，根据物体的图样分析物体。

2）要常练习，制图的方法和技巧主要靠平时的积累，只有练熟掌握了，到用时才能游刃有余。

3）把复杂的问题简单化。先把简单结构的三视图搞懂，再尝试着把它们组合起来。进行绘图时可以把一个复杂的组合体看成是由简单的结构组成的。

4）掌握标准件与常用件的画法，标准件与常用件的画法往往采用简化画法，但对于初学者来说，这是容易出错的地方，如螺纹和螺纹连接的画法。

5）掌握剖视图、断面图、局部放大图的表达方法。

6）注意辅助线的位置、长度，不要漏画线条也不要多画线条。

7）关注国家标准的更新，制图时采用现行标准中的规定。

2. 机械零件图的内容

1）标题栏：位于图样的右下角，标题栏一般填写零件名称、材料、数量以及图样的比例、代号、责任人签名和单位名称等。标题栏的方向与看图的方向应一致。

2）一组图形：用以表达零件的结构形状，可以采用视图、剖视图、断面图、规定画法和简化画法等方法表达。

3）必要的尺寸：反映零件各部分结构的大小和相互位置关系，满足零件制造和检验的要求。

4）技术要求：给出零件的表面粗糙度、尺寸公差、几何公差以及材料的热处理和表面处理等要求。

3. 绘图比例

图样中零件要素的线性尺寸与实际尺寸之比。绘图时尽量采用1：1 的比例。在同一张图样中，各图比例相同时，在标题栏中标注即可；采用不同的比例时，应分别标注。

4. 绘图字体

图样中书写的汉字、数字、字母必须做到字体端正、笔划清楚、排列整齐、间隔均匀。字体采用长仿宋体，并采用国家正式公布的简化字。

5. 图线

零件的图样是用各种不同粗细和线型的图线画成的，不同的线型有不同的用途。

6. 尺寸标注

（1）尺寸标注的基本规定　零件的真实大小应以图样上所标注的尺寸数值为依据，与图形的大小及绘图的准确度无关。图样中的尺寸以 1mm 为单位时，不需标注计量单位的代号或名称，若采取其他单位，则必须标注。图样中所注的尺寸，为该图样的最后完工尺寸。零件上的每一个尺寸，一般只标注一次，并应标注在能够最清晰反映该结构的图形上。

（2）尺寸的组成　标注完整的尺寸应具有尺寸界线、尺寸线、尺寸数字及表示尺寸终端的箭头或斜线。

（3）尺寸标注的种类　尺寸标注的种类包括线性标注、半径标注、直径标注、公差标注和角度标注等。

任务二　绘制传动轴零件图

【分析】

图 15-1 所示为传动轴零件图。本任务详细介绍了绘制传动轴零件图的基本步骤以及相关的绘图、修改命令。

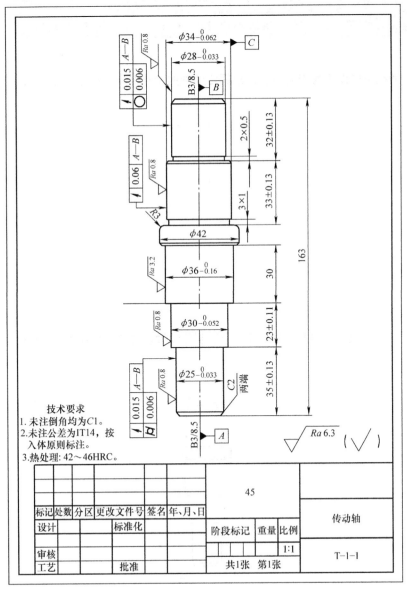

图　15-1

【步骤】

1）启动 AutoCAD2020。

2）新建图层，单击【图层特性管理器】对话框中的【新建图层】按钮，如图 15-2 所示。

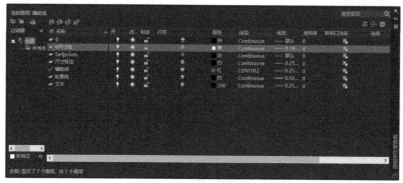

15-1　传动轴
零件图

图　15-2

3）将辅助线图层设置为当前图层，根据传动轴的尺寸要求，绘制出相应的辅助线，效果如图 15-3 所示。

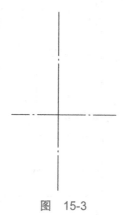

图　15-3

4）使用【直线】【修剪】【圆角】等命令绘制传动轴轮廓线，效果如图 15-4 所示。

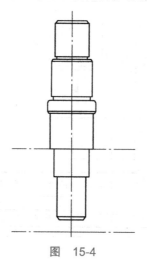

图　15-4

5）进行直径、线性和公差等标注，并根据尺寸标注要求，对文字进行适当修改，效果如图 15-5 所示。

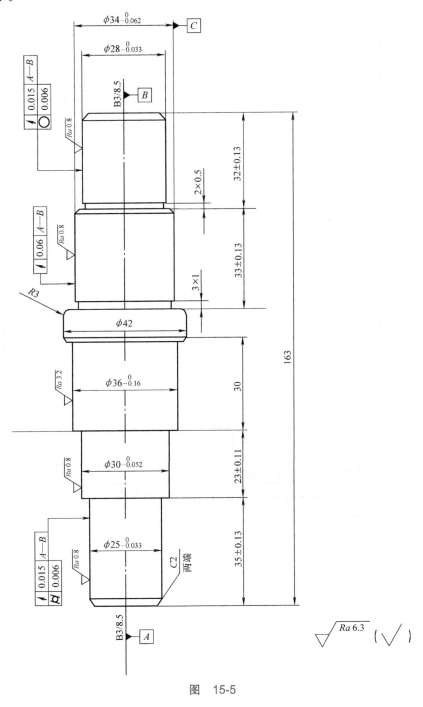

图 15-5

6）插入 A4 尺寸的图框，并修改标题栏中相关信息，如图 15-6 所示。最后保存图形文件。

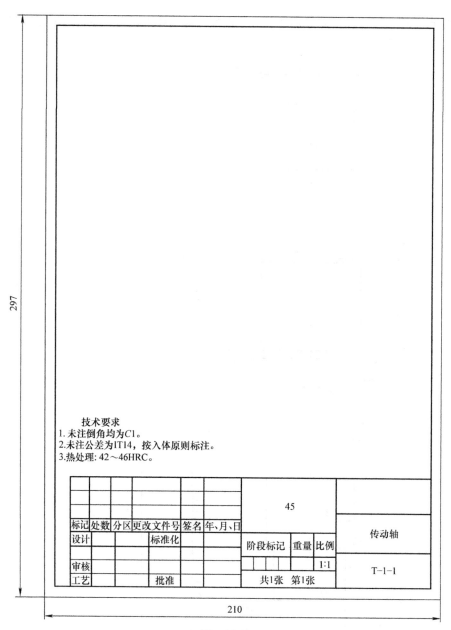

图 15-6

任务三 绘制轴承盖零件图

【分析】

图 15-7 所示为轴承盖零件图。本任务详细介绍了绘制轴承盖零件图的基本步骤以及相关的绘图、修改命令。

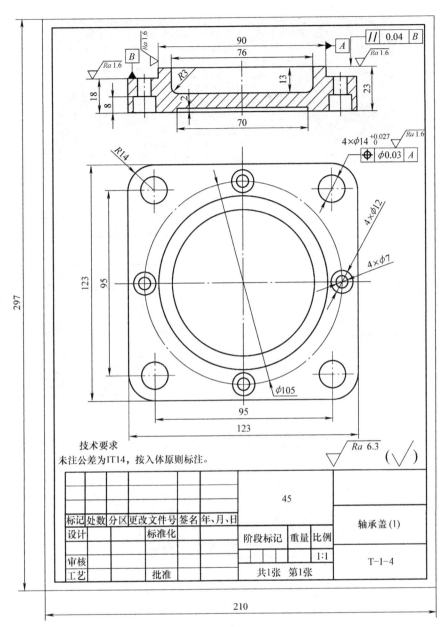

图　15-7

【步骤】

1）启动 AutoCAD2020。

2）新建图层，单击【图层特性管理器】面对话框中的【新建图层】按钮，如图 15-8 所示。

3）将辅助线图层设置为当前图层，根据轴承盖尺寸要求，绘制出相应的辅助线，效果如图 15-9 所示。

15-2　绘制轴承盖类零件

4）使用【直线】【圆】【修剪】【圆角】【图案填充】等命令绘制轴承盖轮廓线，效果如图 15-10 所示。

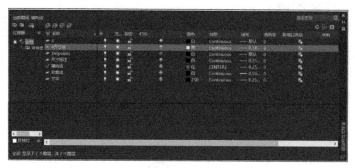

图　15-8

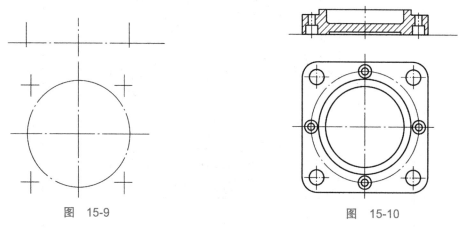

图　15-9　　　　　　　　　　　　　　　　图　15-10

5）进行直径、线性和公差等标注，并根据尺寸标注要求，对文字进行适当修改，效果如图 15-11 所示。

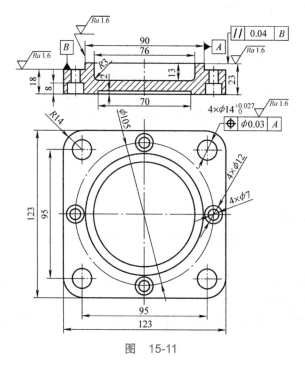

图　15-11

6）插入 A4 尺寸的图框，并修改标题栏中相关信息，如图 15-12 所示。最后保存图形文件。

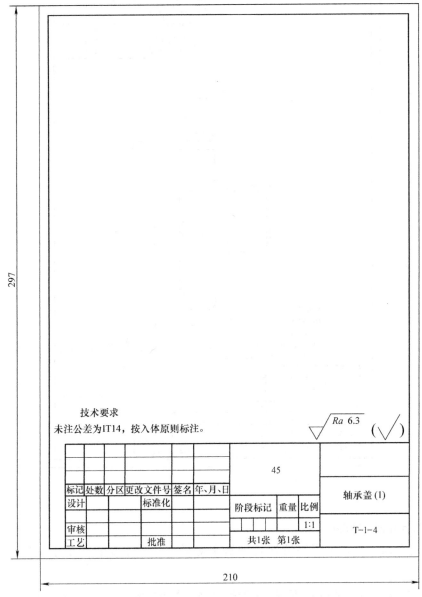

图　15-12

任务四　绘制轿车变速器齿轮零件图

【分析】

图 15-13 所示为轿车变速器齿轮零件图。本任务详细介绍了绘制轿车变速器齿轮零件图的基本步骤以及相关的绘图、修改命令。

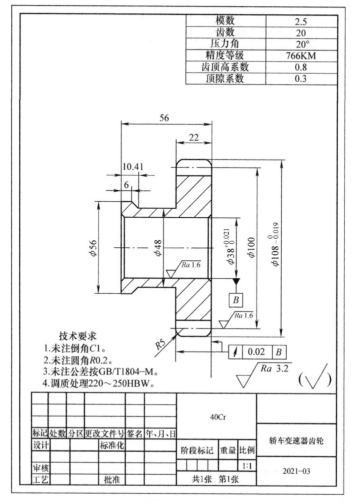

模数	2.5
齿数	20
压力角	20°
精度等级	766KM
齿顶高系数	0.8
顶隙系数	0.3

技术要求
1.未注倒角C1。
2.未注圆角R0.2。
3.未注公差按GB/T1804-M。
4.调质处理220～250HBW。

						40Cr		
标记	处数	分区	更改文件号	签名	年、月、日			轿车变速器齿轮
设计			标准化					
审核						阶段标记	重量	比例
工艺			批准					1:1	2021-03
						共1张 第1张		

图 15-13

【步骤】

1）启动 AutoCAD2020。

2）新建图层，单击【图层特性管理器】对话框中的【新建图层】按钮，如图 15-14 所示。

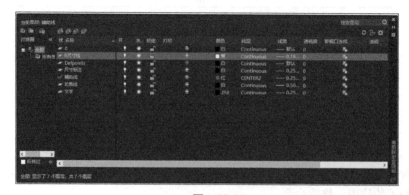

15-3 轿车变速器齿轮零件图

图 15-14

3）将辅助线图层设置为当前图层，根据轿车变速器齿轮的尺寸要求，绘制出相应的辅助线，效果如图 15-15 所示。

4）使用【直线】【修剪】【圆角】等命令绘制轿车变速器齿轮的轮廓线，效果如图 15-16 所示。

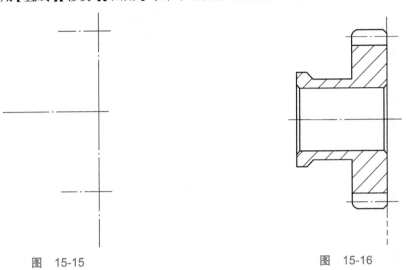

图　15-15　　　　　　　　　　　　　　　　　图　15-16

5）进行直径、线性和公差标注，根据尺寸标注要求，对文字进行适当修改，效果如图 15-17 所示。

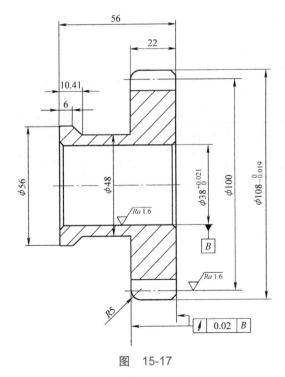

图　15-17

6）插入 A4 尺寸的图框，并修改标题栏中相关信息，如图 15-18 所示。最后保存图形文件。

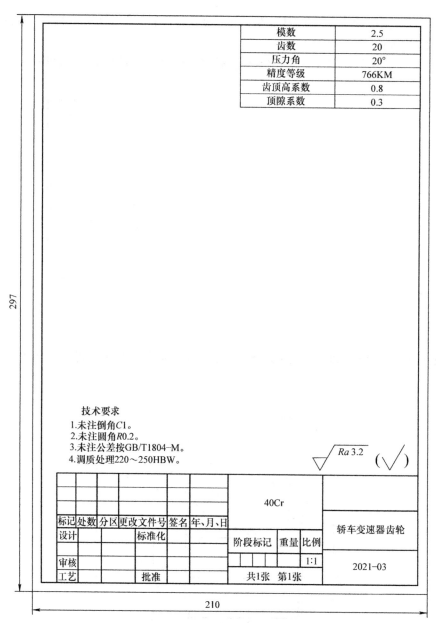

模数	2.5
齿数	20
压力角	20°
精度等级	766KM
齿顶高系数	0.8
顶隙系数	0.3

技术要求
1.未注倒角C1。
2.未注圆角R0.2。
3.未注公差按GB/T1804-M。
4.调质处理220～250HBW。

$\sqrt{Ra\,3.2}$ $(\sqrt{})$

标记	处数	分区	更改文件号	签名	年、月、日			
设计			标准化				40Cr	
审核						阶段标记	重量	比例
工艺			批准			共1张 第1张		1:1

轿车变速器齿轮

2021-03

图 15-18

任务五　项目拓展——绘制法兰盘零件图

【分析】

图 15-19 所示为法兰盘零件图。本任务详细介绍了绘制法兰盘零件图的基本步骤以及相关的绘图、修改命令。

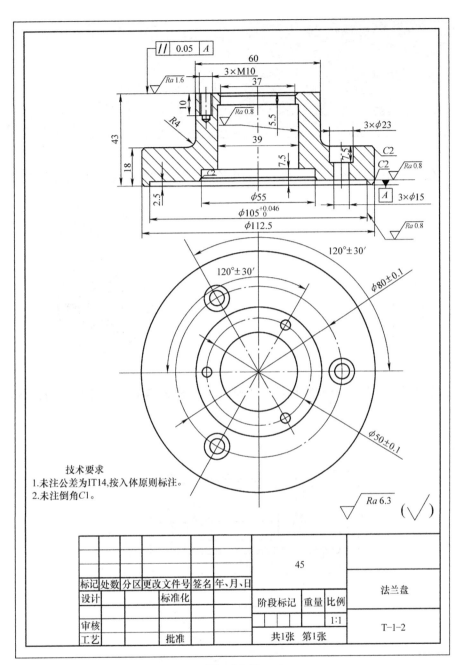

图　15-19

【步骤】

1）启动 AutoCAD2020。

2）新建图层，单击【图层特性管理器】对话框中的【新建图层】按钮，如图 15-20 所示。

3）将辅助线图层设置为当前图层，根据法兰盘尺寸要求，绘制出相应的辅助线，效果如图 15-21 所示。

15-4　法兰盘零件图

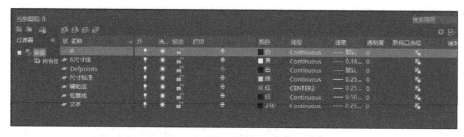

图　15-20

4）使用【直线】【修剪】【圆角】等命令绘制法兰盘的轮廓线，效果如图 15-22 所示。

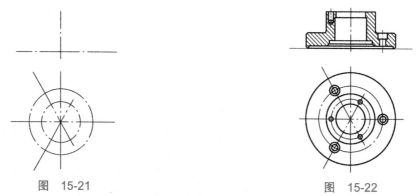

图　15-21　　　　　　　　　　　　　　　　图　15-22

5）进行直径、线性和公差等标注。根据尺寸标注要求对文字进行适当修改，效果如图 15-23 所示。

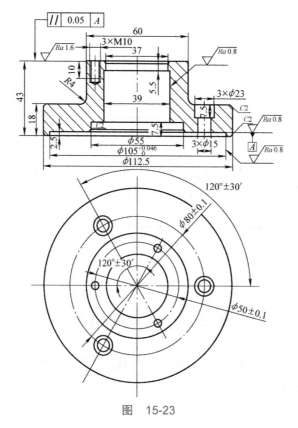

图　15-23

6）插入 A4 尺寸的图框，并修改标题栏中相关信息，如图 15-24 所示。最后保存图形文件。

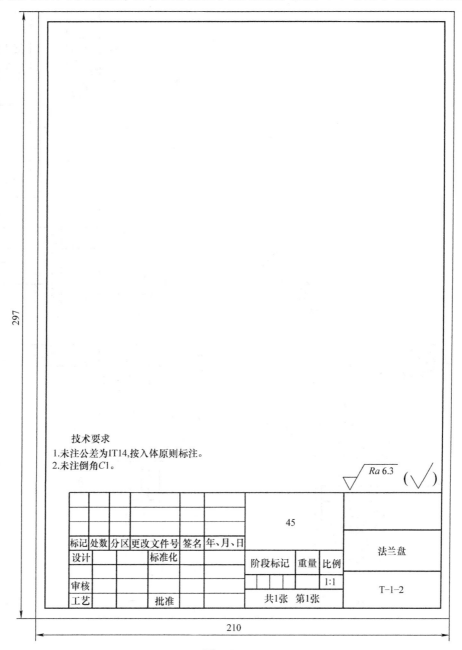

<table>
<tr><td></td><td></td><td></td><td></td><td></td><td></td><td colspan="3" rowspan="2">45</td><td></td></tr>
<tr><td></td><td></td><td></td><td></td><td></td><td></td><td></td></tr>
<tr><td>标记</td><td>处数</td><td>分区</td><td>更改文件号</td><td>签名</td><td>年、月、日</td><td></td><td></td><td></td><td rowspan="2">法兰盘</td></tr>
<tr><td>设计</td><td></td><td></td><td>标准化</td><td></td><td></td><td>阶段标记</td><td>重量</td><td>比例</td></tr>
<tr><td rowspan="2">审核</td><td></td><td></td><td></td><td></td><td></td><td></td><td></td><td>1:1</td><td rowspan="2">T–1–2</td></tr>
<tr><td></td><td></td><td></td><td></td><td></td><td colspan="3">共1张　第1张</td></tr>
<tr><td>工艺</td><td></td><td></td><td>批准</td><td></td><td></td><td></td><td></td><td></td><td></td></tr>
</table>

图　15-24

实训　绘制机械工程图

1）根据图 15-25 所示的尺寸要求，绘制连杆零件图。

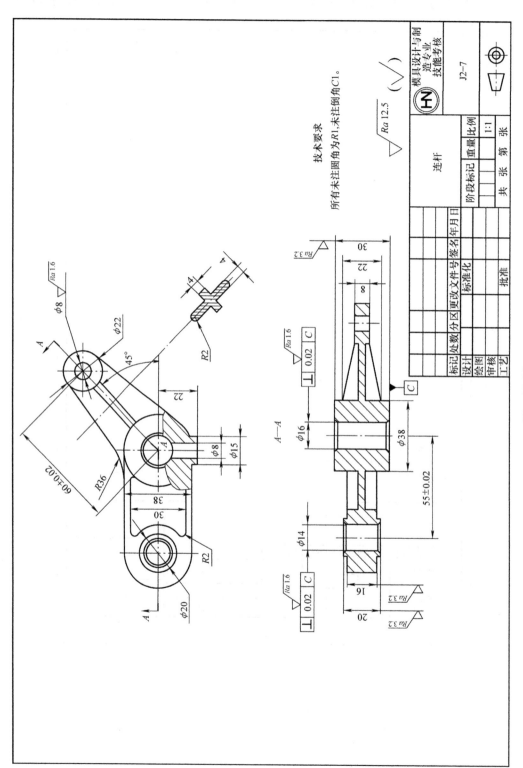

图 15-25

2）根据图 15-26 所示的尺寸要求，绘制阀体零件图。

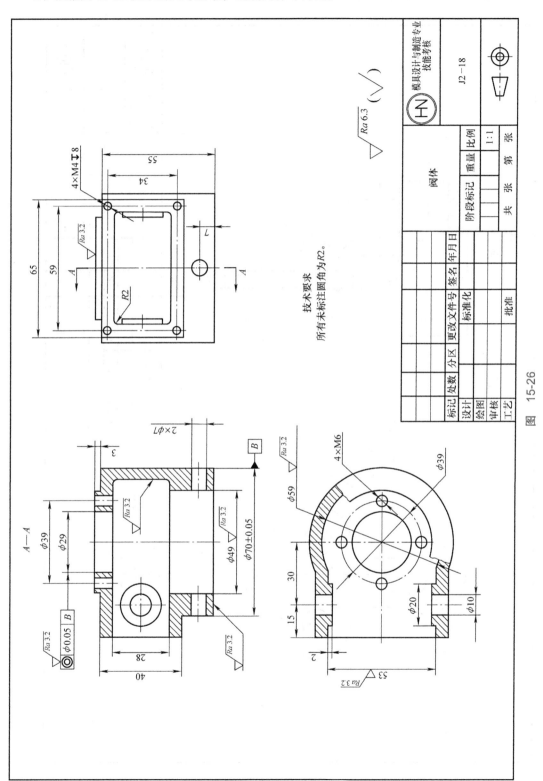

图 15-26

3）根据图 15-27 所示的尺寸要求，绘制支架零件图。

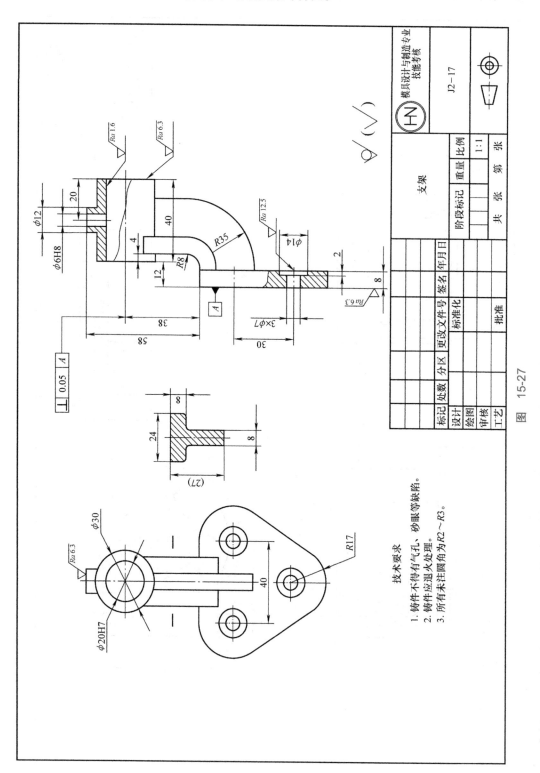

图 15-27

4）根据图 15-28 所示的尺寸要求，绘制弯管零件图。

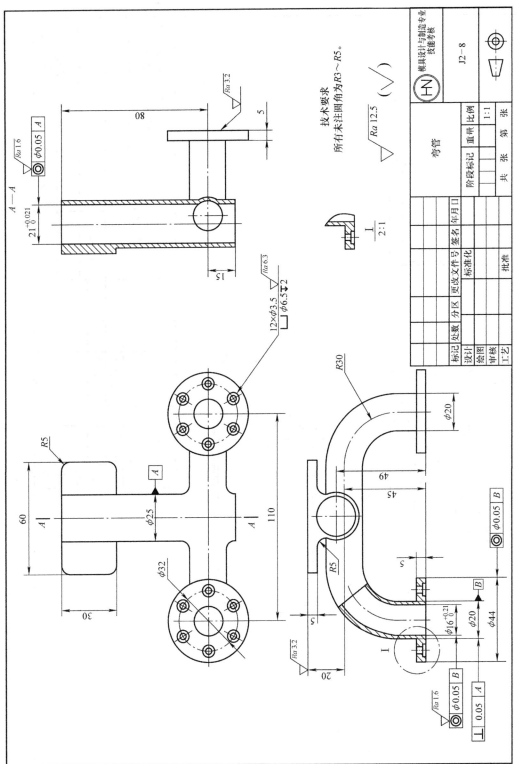

图 15-28

5）根据图 15-29 所示的尺寸要求，绘制鼓风机底座零件图。

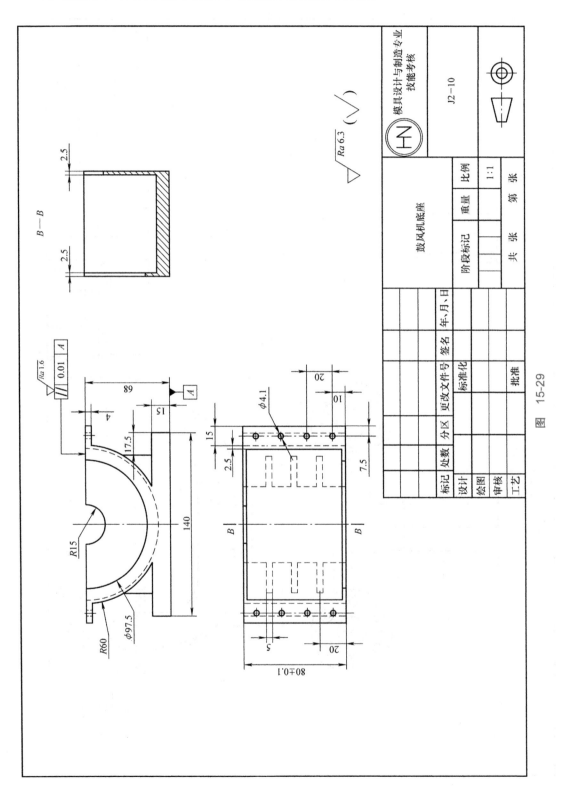

图 15-29

6）根据图15-30所示的尺寸要求，绘制上盖零件图。

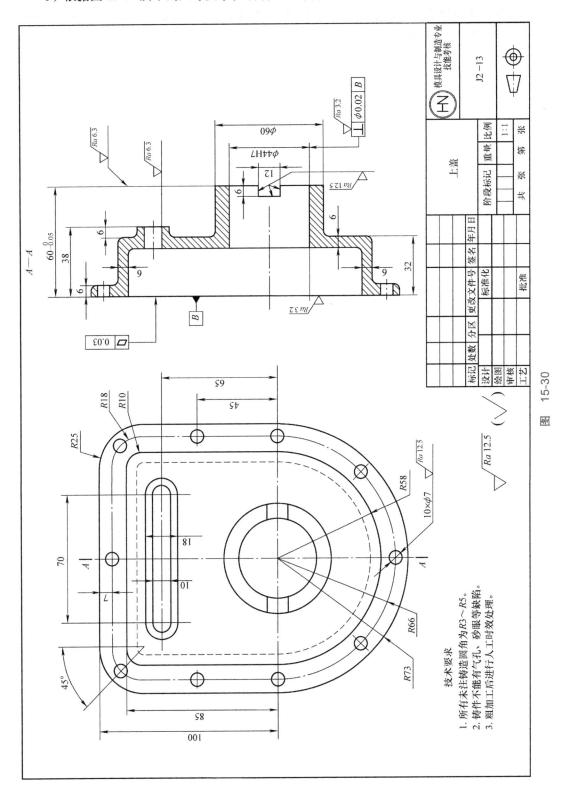

图 15-30

【项目小结】

本项目首先介绍了机械制图的基础知识，然后介绍了绘制轴承盖零件图、传动轴零件图、轿车变速器齿轮零件图、法兰盘零件图的基本步骤，最后提供 AutoCAD 技能自查的练习题。

参 考 文 献

[1] 郭朝勇 . AutoCAD2019 中文版基础与应用教程 [M] . 北京：机械工业出版社，2019.

[2] 朱新宁 . 综合布线系统工程技术 [M] .2 版 . 北京：机械工业出版社，2016.

[3] 林梧 .AutoCAD 绘图基础项目教程 [M]. 北京：中国传媒大学出版社，2018.

[4] 姜勇 . 计算机辅助设计——AutoCAD2014 中文版基础教程 [M]. 北京：人民邮电出版社，2017.

[5] 李颖，鹿岚清 . 建筑工程制图与 CAD[M]. 北京：清华大学出版社，2020.

[6] 郑伟，袁钢强，朱向军 . 建筑工程技术 [M]. 长沙：湖南大学出版社，2011.

[7] 钱坤 .AutoCAD 机械绘图 [M]. 北京：航空工业出版社，2020.

[8] 段新燕 . 机械 CAD/CAM 技术 [M]. 上海：同济大学出版社，2018.